集成电路科学与工程丛书

专用集成电路低功耗入门

分析、技术和规范

[美] 拉凯什·查达（Rakesh Chadha）　J. 巴斯卡尔（J.Bhasker）　著

麦宋平　王　壹　刘天博　王晓宇　张博宇　译

机械工业出版社

本书重点关注 CMOS 数字专用集成电路（ASIC）设备，集中探讨了三个主要内容：如何分析或测量功耗，如何为设备指定功耗意图，以及可以用什么技术最小化功耗。本书采用易于阅读的风格编写，章节间几乎没有依赖关系，读者可以直接跳到感兴趣的章节进行阅读。本书起始章节主要介绍如何测量功耗；随后的章节介绍低功耗的实现策略；尤其在最后，还介绍了可用于描述功耗意图的语言。

本书适合从事芯片设计或具备逻辑设计背景的工程技术人员阅读，也可作为高等院校集成电路科学与工程、电子科学与技术、微电子学与固体电子学等专业的高年级本科生和研究生的教材和参考书。

First published in English under the title:

An ASIC Low Power Primer: Analysis, Techniques and Specification

By Rakesh Chadha, J. Bhasker, edition:1

Copyright © Springer Science+Business Media New York 2013

This edition has been translated and published under licence from Springer Science+Business Media, LLC, part of Springer Nature.

北京市版权局著作权合同登记　图字：01-2023-1025 号。

图书在版编目（CIP）数据

专用集成电路低功耗入门：分析、技术和规范 /（美）拉凯什·查达（Rakesh Chadha），（美）J. 巴斯卡尔（J.Bhasker）著；麦宋平等译 . —北京：机械工业出版社，2024.2（2024.10 重印）

（集成电路科学与工程丛书）

书名原文：An ASIC Low Power Primer: Analysis, Techniques and Specification

ISBN 978-7-111-74590-7

Ⅰ . ①专… Ⅱ . ①拉… ② J… ③麦… Ⅲ . ①集成电路—电路设计 Ⅳ . ① TN402

中国国家版本馆 CIP 数据核字（2024）第 026750 号

机械工业出版社（北京市百万庄大街 22 号　邮政编码 100037）

策划编辑：刘星宁　　　　　　　责任编辑：刘星宁
责任校对：杜丹丹　陈　越　　　封面设计：马精明
责任印制：李　昂
北京捷迅佳彩印刷有限公司印刷
2024 年 10 月第 1 版第 2 次印刷
184mm×240mm·13.5 印张·266 千字
标准书号：ISBN 978-7-111-74590-7
定价：89.00 元

电话服务　　　　　　　　网络服务

客服电话：010-88361066　机 工 官 网：www.cmpbook.com
　　　　　010-88379833　机 工 官 博：weibo.com/cmp1952
　　　　　010-68326294　金 　书 　网：www.golden-book.com
封底无防伪标均为盗版　　机工教育服务网：www.cmpedu.com

前　言

有多少次，当你准备拍照或录像时，设备电池却没电了？许多人都曾遭遇过这种窘境。你能准确分清问题的原因究竟是电池电量不足，还是设备耗电过多吗？我们总是希望相机或摄像机不要消耗太多电能。然而即便是在待机模式下，设备也可能在不为人所知的情况下消耗大量的电能。

现在我们大多数人都意识到了降低功耗的重要性。从消耗大量电能的数据中心，到需要长时间运行的小型便携式设备（如起搏器），功耗需求都是一个重要的关注点。对于数据中心，我们希望实现"绿色"、消耗更少的电能，以便将运营成本及对环境的影响降至最低。对于小型便携式设备（如起搏器），我们希望它能永远保持运行。实现所有这些的关键是了解和分析功耗的去向，并掌握测量功耗的方法。最终能够采用相应的技术降低设备或系统的功耗。

在本书中，我们主要关注 CMOS 数字专用集成电路（ASIC）设备。本书将探讨三个主要内容：如何分析或测量功耗，如何为设备指定功耗意图（power intent），以及可以用什么技术最小化功耗。

在测量 ASIC 设备的功耗时，我们面临的一个挑战是找出功耗的最坏情况。在寒冷条件下功耗更大还是在炎热条件下功耗更大？当你同时按下按钮 A 和按钮 B 时功耗更大，还是当你同时按下按钮 A 和按钮 C 时功耗更大？是浏览互联网时功耗更大，还是玩视频游戏时功耗更大？待机模式下的功耗是否也很大？这些问题表明了存在一个功耗最坏情况的概念。用户可能永远不会在这种情况下使用设备。那么，是否真的需要调整设计方案以应对这种情况？还是应该追求在典型应用中将功耗最小化？对于 ASIC 系统设计者而言，这些问题都不容易回答。例如，MP3 播放器并没有针对播放视频歌曲进行功耗优化。如果只播放音频歌曲，电池可以持续 4 天；如果播放视频歌曲，则电池将在 6 小时内耗尽。

本书主要面向从事 ASIC 设计或具备逻辑设计背景的专业人士。本书采用易于阅读的风格编写，章节间几乎没有依赖关系，你可以直接跳到感兴趣的章节进行阅读。起始章节主要介绍如何测量功耗；随后的章节介绍低功耗的实现策略；尤其在最后，还介绍了可用于描述功耗意图的语言。

致　　谢

我们要向 eSilicon Corporation 致以深切的谢意，感谢他们给我们提供了写作这本书的机会。我们还要感谢 Marc Galceran-Oms、Pete Jarvis、Luke Lang、Carlos Macian、Ferran Martorell、Satya Pullela、Prasan Shanbag、Hormoz Yaghutiel 和 Per Zander 所提供的宝贵反馈，这些反馈的价值无与伦比。

最后同样重要的是，我们要感谢我们的家人在本书写作期间给予的耐心和包容。

Rakesh Chadha

J.Bhasker

目　　录

前言

致谢

第1章　引言 ┈┈┈┈┈┈┈┈┈┈┈┈┈┈┈┈┈┈┈┈┈┈┈┈┈┈┈┈┈┈┈┈┈ 1

1.1　什么是功耗 ┈┈┈┈┈┈┈┈┈┈┈┈┈┈┈┈┈┈┈┈┈┈┈┈┈┈┈┈┈ 1

1.2　为什么功耗很重要 ┈┈┈┈┈┈┈┈┈┈┈┈┈┈┈┈┈┈┈┈┈┈┈┈ 2

1.3　为什么功耗越来越大 ┈┈┈┈┈┈┈┈┈┈┈┈┈┈┈┈┈┈┈┈┈┈ 2

1.4　功耗去哪了 ┈┈┈┈┈┈┈┈┈┈┈┈┈┈┈┈┈┈┈┈┈┈┈┈┈┈┈┈ 3

1.5　多少才算低 ┈┈┈┈┈┈┈┈┈┈┈┈┈┈┈┈┈┈┈┈┈┈┈┈┈┈┈┈ 4

1.6　为什么要测量 ┈┈┈┈┈┈┈┈┈┈┈┈┈┈┈┈┈┈┈┈┈┈┈┈┈┈ 5

1.7　对设计复杂度的影响 ┈┈┈┈┈┈┈┈┈┈┈┈┈┈┈┈┈┈┈┈┈┈ 6

1.8　本书概要 ┈┈┈┈┈┈┈┈┈┈┈┈┈┈┈┈┈┈┈┈┈┈┈┈┈┈┈┈┈ 7

第2章　核心逻辑中的功耗建模 ┈┈┈┈┈┈┈┈┈┈┈┈┈┈┈┈┈┈┈┈ 8

2.1　数字设计中的功耗 ┈┈┈┈┈┈┈┈┈┈┈┈┈┈┈┈┈┈┈┈┈┈┈┈ 8

2.1.1　使用理想开关的例子 ┈┈┈┈┈┈┈┈┈┈┈┈┈┈┈┈┈┈ 8

2.1.2　CMOS 数字逻辑 ┈┈┈┈┈┈┈┈┈┈┈┈┈┈┈┈┈┈┈┈ 10

2.2　动态或活动功耗 ┈┈┈┈┈┈┈┈┈┈┈┈┈┈┈┈┈┈┈┈┈┈┈┈┈ 14

2.2.1　组合单元的活动功耗 ┈┈┈┈┈┈┈┈┈┈┈┈┈┈┈┈┈ 14

2.2.2　时序单元的活动功耗 ┈┈┈┈┈┈┈┈┈┈┈┈┈┈┈┈┈ 17

2.2.3　内部功耗对参数的依赖 ┈┈┈┈┈┈┈┈┈┈┈┈┈┈┈ 19

2.3　泄漏功耗 ┈┈┈┈┈┈┈┈┈┈┈┈┈┈┈┈┈┈┈┈┈┈┈┈┈┈┈┈┈ 20

2.3.1　对阈值电压的依赖 ┈┈┈┈┈┈┈┈┈┈┈┈┈┈┈┈┈┈ 20

2.3.2　对沟道长度的依赖 ┈┈┈┈┈┈┈┈┈┈┈┈┈┈┈┈┈┈ 20

2.3.3　对温度的依赖 ┈┈┈┈┈┈┈┈┈┈┈┈┈┈┈┈┈┈┈┈┈ 21

2.3.4　对工艺的依赖 ┈┈┈┈┈┈┈┈┈┈┈┈┈┈┈┈┈┈┈┈┈ 21

2.3.5　泄漏功耗建模 ┈┈┈┈┈┈┈┈┈┈┈┈┈┈┈┈┈┈┈┈┈ 22

2.4　高级功耗建模 ┈┈┈┈┈┈┈┈┈┈┈┈┈┈┈┈┈┈┈┈┈┈┈┈┈┈ 23

2.4.1　泄漏电流 ┈┈┈┈┈┈┈┈┈┈┈┈┈┈┈┈┈┈┈┈┈┈┈┈ 23

2.4.2　动态电流 ┈┈┈┈┈┈┈┈┈┈┈┈┈┈┈┈┈┈┈┈┈┈┈┈ 24

2.5　总结 ┈┈┈┈┈┈┈┈┈┈┈┈┈┈┈┈┈┈┈┈┈┈┈┈┈┈┈┈┈┈┈┈ 25

第3章　输入输出和宏模块中的功耗建模 ┈┈┈┈┈┈┈┈┈┈┈┈┈ 27

3.1　存储器宏模块 ┈┈┈┈┈┈┈┈┈┈┈┈┈┈┈┈┈┈┈┈┈┈┈┈┈┈ 27

3.1.1　动态或活动功耗 ┈┈┈┈┈┈┈┈┈┈┈┈┈┈┈┈┈┈┈ 28

　　3.1.2　泄漏功耗 ··· 31

　3.2　模拟宏模块中的功耗 ··· 33

　3.3　输入输出缓冲器的功耗 ·· 34

　　3.3.1　通用的数字输入输出模块 ·· 34

　　3.3.2　带终端的高速输入输出模块 ··· 40

　3.4　总结 ··· 44

第 4 章　ASIC 中的功耗分析 ·· 45

　4.1　什么是开关活动性 ·· 45

　　4.1.1　静态概率 ··· 46

　　4.1.2　翻转率 ·· 46

　　4.1.3　实例 ··· 46

　4.2　基本单元和宏模块的功耗计算 ·· 47

　　4.2.1　2 输入与非门单元的功耗计算 ··· 47

　　4.2.2　触发器单元的功耗计算 ··· 53

　　4.2.3　存储器宏模块的功耗计算 ·· 56

　4.3　在模块或芯片级指定活动性 ·· 59

　　4.3.1　默认全局活动性或非矢量 ·· 59

　　4.3.2　通过输入传播活动性 ·· 59

　　4.3.3　VCD ··· 60

　　4.3.4　SAIF ··· 62

　4.4　芯片级功耗分析 ··· 65

　　4.4.1　选择 PVT 角 ··· 65

　　4.4.2　功耗分析 ··· 65

　4.5　总结 ··· 66

第 5 章　电源管理的设计意图 ··· 68

　5.1　电源管理要求 ·· 68

　5.2　电源域 ··· 69

　　5.2.1　电源域状态 ·· 70

　5.3　用于电源管理的特殊单元 ··· 71

　　5.3.1　隔离单元 ··· 71

　　5.3.2　电平移位器 ·· 73

　　5.3.3　使能电平移位器 ··· 76

　　5.3.4　电源开关 ··· 77

　　5.3.5　常开单元 ··· 81

　　5.3.6　保持单元 ··· 83

　　5.3.7　时钟门控单元 ··· 86

　　5.3.8　标准单元 ··· 90

　　5.3.9　双轨存储器 ·· 92

5.4　总结 ··· 93

第6章　低功耗的架构技术 ·· 94

6.1　总体目标 ··· 94

6.1.1　影响功耗的参数 ·· 95

6.2　动态频率 ··· 96

6.3　动态电压缩放 ··· 97

6.4　动态电压和频率缩放 ··· 98

6.5　降低电源电压 ··· 98

6.6　结构级时钟门控 ·· 99

6.7　电源门控 ·· 100

6.7.1　状态保持 ·· 101

6.7.2　粗粒度和细粒度电源门控 ·· 102

6.8　多电压 ·· 103

6.8.1　优化电平移位器 ·· 104

6.8.2　优化隔离单元 ··· 105

6.9　优化存储器功耗 ··· 106

6.9.1　对存储器访问进行分组 ··· 106

6.9.2　避免使能引脚上的冗余活动 ··· 108

6.10　操作数隔离 ··· 109

6.11　设计的工作模式 ·· 110

6.12　RTL 技术 ··· 110

6.12.1　最小化翻转次数 ·· 111

6.12.2　资源共享 ··· 111

6.12.3　其他 ··· 112

6.13　总结 ·· 112

第7章　低功耗实现技术 ··· 113

7.1　工艺节点与库的权衡 ·· 113

7.2　库的选择 ·· 114

7.2.1　多阈值电压单元 ·· 114

7.2.2　多沟道单元 ··· 115

7.3　时钟门控 ·· 117

7.3.1　功耗驱动的时钟门控 ·· 118

7.3.2　降低时钟树功耗的其他技术 ··· 119

7.4　时钟门控对时序的影响 ·· 120

7.4.1　单级时钟门控 ··· 120

7.4.2　多级时钟门控 ··· 122

7.4.3　克隆时钟门控 ··· 123

7.4.4　合并 ·· 124

7.5 门级功耗优化技术 ·· 124
　7.5.1 使用复杂单元 ·· 125
　7.5.2 调节单元尺寸 ·· 125
　7.5.3 设置适当的压摆率 ·· 125
　7.5.4 引脚互换 ··· 126
　7.5.5 因式分解 ··· 126
7.6 睡眠模式的功耗优化 ·· 127
　7.6.1 通过背偏压减少泄漏 ··· 127
　7.6.2 关闭不活动的区块 ·· 128
　7.6.3 存储器的睡眠和关机模式 ···································· 132
7.7 自适应工艺监控 ·· 135
7.8 去耦电容和泄漏 ·· 136
7.9 总结 ·· 136

第 8 章 UPF 功耗规范 ·· 137
8.1 设置范围 ·· 138
8.2 创建电源域 ··· 138
8.3 创建供电端口 ·· 139
8.4 创建供电网络 ·· 140
8.5 连接供电网络 ·· 140
8.6 域的主电源 ··· 141
8.7 创建电源开关 ·· 141
8.8 映射电源开关 ·· 142
8.9 供电端口的状态 ··· 142
8.10 电源状态表 ··· 143
8.11 电平移位器规格 ··· 144
8.12 隔离策略 ·· 146
8.13 保持策略 ·· 147
8.14 映射保持寄存器 ··· 148
8.15 Mychip 实例 ·· 149

第 9 章 CPF 功耗规范 ·· 154
9.1 简介 ·· 154
9.2 库命令 ··· 155
　9.2.1 定义常开单元 ·· 155
　9.2.2 定义全局单元 ·· 155
　9.2.3 定义隔离单元 ·· 156
　9.2.4 定义电平移位器单元 ·· 156
　9.2.5 定义开放源极输入引脚 ··· 157
　9.2.6 定义焊盘单元 ·· 157

9.2.7　定义电源钳位单元 ……………………………………………………… 158
9.2.8　定义电源钳位引脚 ……………………………………………………… 158
9.2.9　定义电源开关单元 ……………………………………………………… 158
9.2.10　定义相关电源引脚 ……………………………………………………… 159
9.2.11　定义状态保持单元 ……………………………………………………… 160
9.3　电源模式命令 ……………………………………………………………………… 160
9.3.1　创建模式 ……………………………………………………………… 160
9.3.2　创建电源模式 ………………………………………………………… 161
9.3.3　指定电源模式转换方式 ……………………………………………… 161
9.3.4　设置电源模式控制组 ………………………………………………… 162
9.3.5　结束电源模式控制组设置 …………………………………………… 163
9.4　设计和实现约束 …………………………………………………………………… 163
9.4.1　创建分析视图 ………………………………………………………… 163
9.4.2　创建偏压网络 ………………………………………………………… 163
9.4.3　创建全局连接 ………………………………………………………… 164
9.4.4　创建接地网络 ………………………………………………………… 164
9.4.5　创建隔离规则 ………………………………………………………… 164
9.4.6　创建电平移位器规则 ………………………………………………… 165
9.4.7　创建标称条件 ………………………………………………………… 165
9.4.8　创建操作角 …………………………………………………………… 166
9.4.9　创建焊盘规则 ………………………………………………………… 166
9.4.10　创建电源域 …………………………………………………………… 167
9.4.11　创建电源网络 ………………………………………………………… 168
9.4.12　创建电源开关规则 …………………………………………………… 168
9.4.13　创建状态保持规则 …………………………………………………… 169
9.4.14　定义库集合 …………………………………………………………… 170
9.4.15　标识常开驱动器 ……………………………………………………… 170
9.4.16　标识电源逻辑 ………………………………………………………… 170
9.4.17　标识次级域 …………………………………………………………… 170
9.4.18　指定等效控制引脚 …………………………………………………… 171
9.4.19　指定输入电压公差 …………………………………………………… 171
9.4.20　设置功耗目标 ………………………………………………………… 171
9.4.21　设置开关活动性 ……………………………………………………… 172
9.4.22　更新隔离规则 ………………………………………………………… 172
9.4.23　更新电平移位器规则 ………………………………………………… 172
9.4.24　更新标称条件 ………………………………………………………… 173
9.4.25　更新电源域 …………………………………………………………… 173
9.4.26　更新电源模式 ………………………………………………………… 174
9.4.27　更新电源开关规则 …………………………………………………… 175

9.4.28 更新状态保持规则 ······································· 176

9.5 分层支持命令 ··· 176

9.5.1 结束设计 ··· 176

9.5.2 获取参数 ··· 177

9.5.3 设置设计 ··· 177

9.5.4 设置实例 ··· 177

9.5.5 更新设计 ··· 178

9.6 通用命令 ··· 178

9.6.1 查找设计对象 ··· 178

9.6.2 指定阵列的命名方式 ······································· 178

9.6.3 指定层次结构分隔符 ······································· 178

9.6.4 指定功耗单位 ··· 179

9.6.5 指定寄存器的命名方式 ····································· 179

9.6.6 指定时间单位 ··· 179

9.6.7 指定包含文件 ··· 180

9.7 宏支持命令 ··· 180

9.7.1 指定宏模型 ··· 180

9.7.2 结束宏模型 ··· 180

9.7.3 指定模拟端口 ··· 180

9.7.4 指定二极管端口 ··· 181

9.7.5 指定浮空端口 ··· 181

9.7.6 指定焊盘端口 ··· 181

9.7.7 指定电源参考引脚 ··· 181

9.7.8 指定线馈通端口 ··· 181

9.8 版本和验证支持命令 ··· 182

9.8.1 指定 CPF 版本 ·· 182

9.8.2 创建断言控制 ··· 182

9.8.3 指定非法的域配置 ··· 182

9.8.4 指定仿真控制 ··· 183

9.9 CPF 文件格式 ·· 183

9.10 Mychip 实例 ·· 184

附录 ·· 189

附录 A SAIF 语法 ··· 189

附录 B UPF 语法 ··· 196

参考文献 ··· 205

第 1 章

引 言

半导体器件的功耗是一个关键的设计参数,支配着系统的设计、实现和使用。作为设计目标之一,功耗与速度一样,都是器件的关键性能指标。功耗决定了供电以及封装的热要求(或热耗散)。

从历史上看,半导体器件设计的重点是在规定的硅面积内达到目标性能要求。这意味着半导体器件设计人员在专注于往最小硅面积内塞入尽可能多晶体管的同时,也需要满足目标性能要求。

1.1 什么是功耗

任何电子设备在通电时都会汲取电流。电流的大小取决于设备是处于正常工作模式还是待机模式。例如,手机在用户打电话时(即设备处于工作模式)从电池中汲取的电流要大于用户不使用手机时(即设备处于待机模式)。这两种情况都存在电能消耗,使得电池电量逐渐被耗尽。类似地,笔记本电脑从电池或者主电源(当它接通电源时)中获取电力。

在上述各种情况中,半导体器件都从其电源中消耗电能。

1.2 为什么功耗很重要

了解半导体器件的功耗要求很重要。众所周知，功耗对于使用电池供电的设备来说至关重要，因为它决定了电池的使用时长（每次充电的时间间隔）。关于由电池或主电源供电的设备功耗，还有其他一些同样重要的注意事项：

1）半导体器件消耗的电能会在器件内部转化为热能，导致器件内部温度升高。

2）设备内部温度应被限制在一个可接受的范围内，以保证正常运行和可靠性。这就要求所产生的热量必须被排走。该需求对封装提出了要求，并可能需要使用散热器和 / 或风扇。

3）系统的电力供应可能是受限的。例如，在一个由以太网供电（PoE）的系统中，只有有限的电量可用。其他的例子还包括可用电量受背板功率预算或电源单元成本限制的系统。

综上所述，了解功耗是至关重要的。由此设计人员才能对各种与设备和操作环境相关的系统权衡做出评估。下面是一些权衡的例子：

1）电池使用时长与电池大小：这取决于在需要充电之前所需的总能量。设计者必须选择能够提供所需功率和足够使用时长的电池。一般来说，更高的功耗需要更大的电池，这会增加成本和重量（对于手持应用设备至关重要）。

2）峰值功耗：根据峰值功耗进行热管理。这涉及选择最优的封装、散热器和风扇等工作。

3）性能 / 功耗权衡：对系统的性能 / 功耗权衡进行评估。这涉及确定目标工艺技术和设备性能。由于功耗和可实现的性能依赖于工艺技术，因此设计人员在评估这些权衡时需要考虑多个维度。

4）实现目标性能：应用程序必须提供一个用户可以接受的响应时间。

1.3 为什么功耗越来越大

自从被发明以来，计算机的计算能力一直在增长，因为设计者设法在硅器件中塞进越来越多的晶体管，并使得这些晶体管的开关速度越来越快。根据摩尔定律（见参考文献

⊖ Power Over Ethernet，由以太网供电。

[MOO65])，集成电路中晶体管的数量大约每两年增加一倍。每一代新的半导体工艺技术都会使晶体管的密度翻倍，这意味着相同的硅面积上晶体管的数量会增加一倍。随着工艺厂每隔两三年就会推出的新一代工艺技术，单个芯片上的器件数量会保持指数级增长。

虽然近几代芯片的供电电压比早期几代有所下降，但下降的速度还不够快。我们似乎已经达到了大约 0.8 V 的核心供电极限。由于电源电压没有降低，器件功耗会一直增加。同样，互连线长度减小的速度小于逻辑门密度增加的速度。虽然新的低介电常数材料和更短的走线长度降低了晶体管的电容负载，但由于设计人员将器件的工作频率提得越来越高，器件的整体功耗仍在不断增加。表 1.1 给出了一个工艺技术和电源电压的例子。

表 1.1　不同工艺技术节点下的核心电压与逻辑门密度

工艺节点	核心电压 /V	门密度 / (/mm^2)
90nm	1.0	354K
65nm	1.0	694K
40nm	0.9	1750K
28nm	0.85	3387K

导致器件功耗增加的另一个因素是泄漏的增加。泄漏功耗也是器件功耗的组成部分，即使在器件不做任何计算时也存在。每当设备通电时，泄漏功耗就会产生（与动态功耗叠加）。随着工艺尺寸缩小，泄漏功耗持续增加。这是因为泄漏电流与 MOS 晶体管的阈值电压有关，而 MOS 晶体管的阈值电压随着工艺技术的发展不断降低。阈值电压越低，则泄漏电流越大，这从根本上导致了器件上电后的功耗增加。

在许多高端处理器中，保持所有晶体管全速工作的功耗往往很大。这意味着如果所有晶体管同时工作，设备可能会过热。一些设备会关闭部分功能，以保持功耗在预算范围内（见参考文献 [ESM11] ）。芯片中被关闭的部分有时被称为暗硅，就像由于电力短缺导致停电的城市一样。

1.4　功耗去哪了

器件功耗大致可分为动态功耗和静态功耗。静态功耗是指器件上电但不进行任何计算时所产生的功耗。动态功耗是器件为了执行计算所产生的功耗。总运行功耗可以认为是由静态功耗和动态功耗组成的。静态功耗是器件没有活动时的功耗，动态功耗则是器件因为活动而产生的额外功耗。由于目标是将总功耗保持在合理的预算之内，动态功耗和静态功耗的总和决定了封装和散热的约束。

$$总功耗 = 动态功耗 + 静态功耗$$

对于数字 CMOS 设计，静态功耗与泄漏功耗⊖ 相同，而动态功耗也被称为活动功耗。

　　对于先进的工艺，泄漏功耗可以是总功耗的主要贡献者，特别是在最坏的工艺角下。图 1.1 所示是工艺节点与 $Iddq$ 的典型对比；$Iddq$ 表示最坏情况下的泄漏电流。如图所示，单位面积的 $Iddq$ 随着工艺尺寸的缩小而增加。一个例外是 32nm 工艺节点，该节点使用金属栅扭转了前几代工艺 $Iddq$ 增长的趋势线。

　　电池供电设备的使用推动了各种降低功耗的设计和实现技术的发展。即使是非电池供电的设备，也有降低功耗的需求；其中有一部分在 1.2 节中已经描述过了，还有一个可能的需求是绿色环保。

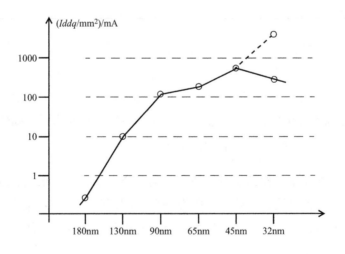

图 1.1　不同工艺技术节点最坏情况下单位面积的泄漏电流

1.5　多少才算低

　　不同领域的各种应用都对低功耗有要求，尽管不同应用的功耗可能差异很大。下面描

⊖　第 2 章详细描述了 CMOS 设计的泄漏功耗和动态功耗。

述两个对功耗有着迥然不同要求的应用场景。

考虑一个并行处理系统，使用约 24 个模块并行操作，其中每个模块包含 12 个印制电路板，每个电路板包含 16 个处理设备及安装在其上的 32 个 DIMM[⊖]。系统功耗（见图 1.2）约为 60kW。这样一个系统显然是由主电源供电的，其关键要求是需要能够保持自身的冷却，也就是说，确保系统不会因为约 60kW 的功耗而过热。在不降低系统处理吞吐量的情况下降低功耗需求，可以大大节省冷却和电力成本。

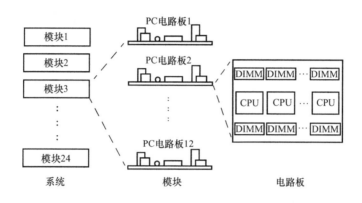

图 1.2　并行处理系统实例

另一个例子是移动电话。移动电话只要打开，就一直在耗电。当用户拨打或接听电话时，功耗约为 100mW；当用户不使用时，功耗降低到小于 1mW。保持低功耗很重要，因为用户不喜欢需要频繁充电的手机（低功耗技术使手机制造商声称手机可以使用几天而不需要充电）。更低的功耗也有助于降低对电池的要求；需要注意的是，轻便小巧的电池也可以让手机更便携。

因此，无论系统的功耗级别是毫瓦级还是千瓦级，低功耗始终是至关重要的。在每个类别中，低功耗可能意味着不同程度的节省——无论是在约 60kW 的系统功耗中减少几千瓦，还是在功耗预算为 100mW 的平板电脑中减少几毫瓦。

1.6　为什么要测量

与其他系统中一样，实现低功耗的关键是确定各种使用模式下的功耗。手机系统的设

⊖　Dual in-line memory module，双列直插式存储模块（通常是 DRAM）。

计者必须对这些模式下的功耗进行分析。平板设备的设计团队不仅要分析这些模式下的功耗，还要分析功耗如何因为操作环境或系统所用半导体器件的变化而变化。例如：

1）使用快晶圆批次零件的平板电脑，其功耗将高于使用慢晶圆批次零件的平板电脑。这里的快和慢指的是对制造工艺的统计偏差。

2）在寒冷和冰冻温度下工作的平板电脑，其功耗比在极热温度下工作的平板电脑更低。这是因为在较高的温度下，耗电量（尤其是泄漏功耗或静态功耗）会增加许多倍。

系统的功耗分析使设计人员能够选择正确的架构，进而选择适当的工艺技术来制造系统所使用的器件。准确的功耗估计还有助于系统设计人员验证热约束，以使系统不会过热（即保证器件温度保持在可接受的范围内）。

1.7　对设计复杂度的影响

随着工艺集成度逐代增加，设计复杂度也在同步增长。为了满足功耗约束，典型的设计会划分多个电源域。图 1.3 是一个实例，该设计有四个不同的电源域。CPU 域一直开着且运行电压为 1.1V，SRAM 域也一直开着但运行电压为 0.9V，协处理器域和存储器控制器域工作在 0.9V，但可以关闭。

多个电源域使得物理设计后的时序收敛变得更加困难。在进行工艺角分析和优化时可能需要多次迭代。还有一个额外的挑战是如何确定要使用的电源开关的大小和数量，因为这必须基于良好的布局后的功耗估计。可能需要进行少量试验来确定电源开关的最佳使用和布局。想在优化中获得高质量的结果比较困难，可能涉及多次迭代。由于需要额外处理受开关控制的多个电压域，完整的设计流程需要更长的时间。

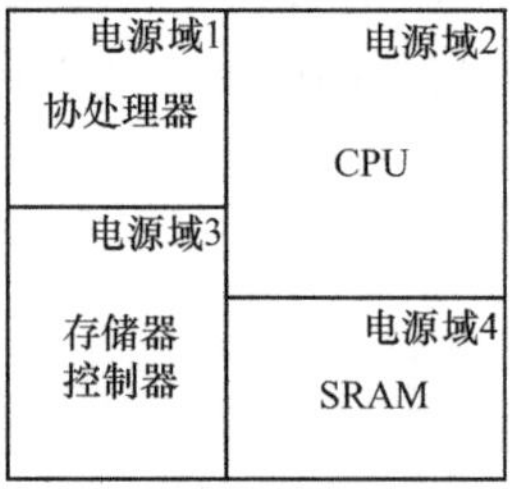

图 1.3　带有四个不同电源域的设计

1.8 本书概要

本书对低功耗数字半导体器件设计中使用的技术进行了深入的回顾。由于系统功耗分析是低功耗设计的先决条件,第 2~4 章将重点介绍数字 CMOS 器件的功耗分析。第 2 章将描述核心标准逻辑单元中的功耗建模。输入输出缓冲器和 SRAM 宏模块的建模技术将在第 3 章中描述。基于第 2 章和第 3 章对单个组件建模的描述,第 4 章将描述设计功耗的计算步骤。

第 5~7 章侧重于低功耗设计技术。第 5 章将详细介绍设计人员如何通过提供高层次意图来管理设计的功耗。设计意图是指设计的某些部分是否可以关闭或在降低电源电压的情况下操作,以权衡功耗与性能。由于设计中大部分功耗节省都与最优架构的选择紧密相关,因此第 6 章将描述在系统架构设计阶段可以采用的技术。基于所选择的体系结构,第 7 章将描述低功耗实现技术。

第 8 章和第 9 章将描述在设计的不同阶段捕获功耗指令的两个备选标准。第 8 章描述统一功耗格式(UPF),它是一个 IEEE 标准。第 9 章描述通用功耗格式(CPF),它是一种备用的电源规范语言。

最后的两个附录提供了开关活动交换格式(SAIF)和 UPF 的详细信息。附录 A 给出了 SAIF 的详细语法,附录 B 给出了 UPF 的详细语法。

第 2 章

核心逻辑中的功耗建模

本章将从各个方面描述 CMOS 设计中核心数字逻辑的功耗。ASIC 的功耗包括数字核心逻辑、存储器、模拟宏模块和其他输入输出接口的功耗。数字逻辑和存储器宏模块的功耗有源自开关活动的，称为动态功耗，也有泄漏功耗的贡献。本章将描述如何对核心逻辑的这些功耗进行建模——特别是设计中影响标准单元逻辑功耗计算的因素。

2.1 数字设计中的功耗

为了理解数字设计中的功耗，我们可以考虑电容通过电阻与理想开关串联的通路进行充电和放电的例子。

2.1.1 使用理想开关的例子

以电容的充放电为例。如图 2.1 所示，电容 C 通过电阻 Rpu 和开关 SW1 连接到电源 Vdd 上。

假设电容器最初未充电，开关 SW1 闭合导致电容开始充电并趋向最终电压 Vdd。电源提供电流，直到电容 C 完全充电到 Vdd。在电容充电期间，电源提供的总能量由下式给出：

$$E_{total} = C * Vdd^2$$

上述能量有一半在充电电阻中耗散掉了，另一半转移到电容中。传递给电容的能量 E_{cap} 由下式给出：

$$E_{cap} = E_{diss} = C * Vdd^2 / 2$$

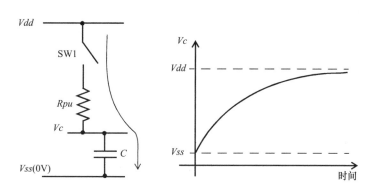

图 2.1　电容充电

式中，E_{diss} 是指在充电电阻中消耗的总能量。现在考虑这个电容 C 通过另一个电阻串联连接到地 Vss。图 2.2 显示了相同的电容 C（已充电到 Vdd）通过开关 SW0 和电阻 Rpd 连接到地 Vss。在电容放电期间，开关 SW1 被认为是断开的。

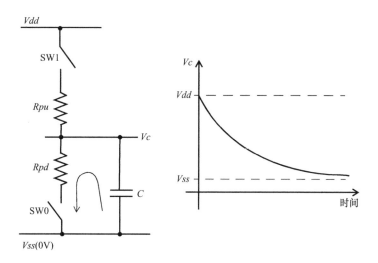

图 2.2　电容放电

当开关 SW0 闭合时，电容 C 通过电阻 Rpd 放电到 Vss。当电容放电时，电容中的能量全部通过电阻消耗掉了。因此，电阻消耗的能量为：

$$E_{\text{diss}} = C * Vdd^2/2$$

图 2.1 和图 2.2 中的实例说明了一个设计中各种网络的电容 C 在每个循环中的充放电情况。注意，充电时电源提供的总能量（$= C * Vdd^2$）在充放电周期中消耗掉。还要注意的是，该能量只取决于电容值和电源，不取决于上拉电阻或下拉电阻。

2.1.2　CMOS 数字逻辑

前一节对理想化开关的描述可以扩展到 CMOS 数字设计。一般来说，CMOS 数字逻辑由组合逻辑门和时序逻辑门组成。在每个逻辑门结构中，连接到 Vdd 的开关是通过 PMOS 上拉结构实现的，而连接到 Vss 的开关则是通过互补的 NMOS 下拉结构实现的。图 2.3 所示为一个二输入与非门 nand 的等效上拉和下拉结构的例子。如需了解更多细节，请参阅描述 CMOS 逻辑的标准教科书（如参考文献 [MUK86]）。

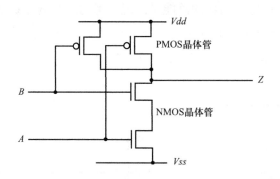

图 2.3　CMOS 二输入与非门 nand

本节将前一节中描述的概念扩展到 CMOS 数字设计中。上拉和下拉的互补性意味着这些结构可以被视为等同于开关。

然而，有两个关键的区别：

1）上拉和下拉结构的开启和关闭不是瞬间完成的。因此，在过渡期间，上拉和下拉结构将会在一小段时间内同时处于开启状态。

2）即使当上拉或下拉结构关闭时，也会有一个小的电导穿过该关闭结构，在电源与地之间提供电流路径。穿过关闭器件的电流会导致泄漏功耗，这便是，即使在逻辑门状态没有切换的情况下，也会存在的功耗。

在前一节中描述的电容充电和放电的能量耗散方程也适用于 CMOS 逻辑门，并可称为输出充电功耗。然而，由于上文所述的非理想性，功耗还有另外两个组成部分：

1）泄漏功耗；

2）内部开关功耗 。

2.1.2.1　泄漏功耗

泄漏功耗或静态功耗是指当 CMOS 逻辑不切换时的功耗。如上所述，这是由于电流流过关闭器件（PMOS 或 NMOS）所造成的。

非零泄漏电流主要是源自于：

1）亚阈值泄漏：由于阈值电压降低，即使 NMOS 器件的栅极接在 Vss 上（或 PMOS 器件的栅极接在 Vdd 上），源极和漏极之间的通道也不能完全关断。因此，源极和漏极之间的任何电压差都会导致电流流过处于关断状态的 MOS 器件源漏间的通道。

2）栅极氧化物隧穿电流：电荷可以隧穿通过栅氧化层，这被称为栅氧化物隧穿电流。这种电流可以从栅极进入处于导通或关闭状态的器件。

3）反向偏置结泄漏电流：在扩散层和衬底之间可能存在泄漏电流。虽然源 / 漏极和衬底之间的 pn 结是反向偏置的，但仍然会有小电流流过。

2.1.2.2　内部开关功耗

这是指当 CMOS 逻辑门处于活动或开关状态时所产生的功耗，主要是在上拉和下拉结构同时导通的短暂时段内出现的功耗，也被称为短路功耗。图 2.4 显示了当输入端信号上升时的 CMOS 反相器。

图 2.4a、b 所示波形为 CMOS 反相器的上升输入。根据输入信号的上升时间，PMOS 和 NMOS 器件会有一小段时间（在图 2.4 中标记为 $Toverlap$ ）$^{\ominus}$ 同时导通。在 PMOS 和

⊖　PMOS 和 NMOS 器件阈值电压（$Vtnmos + Vtpmos$）之和可能超过电源电压（Vdd）。在这种情况下，PMOS 和 NMOS 器件不能同时接通，也没有重叠电流。

NMOS 器件同时导通期间，从 PMOS 器件直接流向 NMOS 器件的电流不会导致输出电容的充电或放电。该电流被称为撬棍电流，也可以称为重叠电流。这两组波形说明，在输入上升时间非常缓慢的情况下，短路功耗会更大（波形见图 2.4b）。

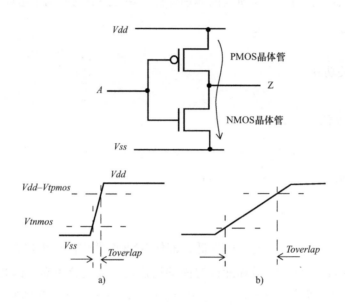

图 2.4　CMOS 反相器及其输入端上升波形：a）小压摆值；b）大压摆值

　　输入状态的改变并不一定会导致输出切换；在 CMOS 逻辑门的输入发生改变但输出不切换的情况下，仍然会有少量的功耗。这部分功耗被称为输入引脚功耗。

　　内部开关功耗并不包括由于输出负载电容切换而产生的功耗，后者是另外考虑的。

2.1.2.3　输出充电功耗

　　输出充电功耗与前节使用理想开关的实例所描述的一样。在 CMOS 数字逻辑中，输出充电功耗是由于输出端容性负载的充电和放电所造成的功耗。输出端负载电容由互连线电容和扇出的输入引脚电容所构成。输出端充电和放电的实例如图 2.5 所示，CMOS 逻辑门 G1 驱动其他三个门 G2、G3 和 G4 的输入。

　　CMOS 数字设计中的活动体现为网络逻辑状态从逻辑"0"切换为逻辑"1"或从逻辑"1"切换为逻辑"0"。CMOS 逻辑切换将其输出充电至逻辑"1"状态或放电至逻辑

"0"状态。通过 CMOS 上拉器件和通路内的互连电阻（该电阻未在图 2.5 中显示）对输出节点进行充电，实现输出逻辑从"0"到"1"的切换。同样，通过互连电阻和 CMOS 下拉器件进行放电，可实现输出逻辑从"1"到"0"的切换。这在原理上类似于图 2.1 和图 2.2 所示的简单 RC 电路。所产生的功耗仅取决于电源和电容值，而不取决于等效的 MOS 电阻。

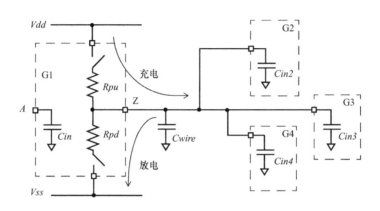

图 2.5　输出负载的充电和放电

2.1.2.4　多阈值 CMOS

小尺寸 CMOS 工艺在设计中提供了多种阈值的 PMOS/ NMOS 晶体管作为选择。低阈值 MOS 晶体管具备更高的性能，但其代价是泄漏功耗的增加。通过选择不同的阈值，设计中可以在对性能要求很高的关键路径上使用低阈值晶体管（或单元），而在时序不紧张的部分使用高阈值单元。使用多种阈值晶体管的设计通常被称为 MTCMOS 逻辑。

2.1.2.5　能量与功率

任何关于物理学的介绍性文本都可以提供关于能量、做功和功率的基本背景介绍。能量是一个系统做功的能力，它的测量单位是焦耳（J，国际单位）。功率（本书中等同于"功耗"）是能量传递的速率。功率的单位是瓦（W，国际单位），也就是焦耳每秒（J/s）。

本节概述了 CMOS 逻辑中的功耗，后续章节将详细介绍数字设计中的功耗建模。

2.2 动态或活动功耗

前面所述的内部开关功耗和输出充电功耗共同构成了动态或活动功耗。前节的讨论使用 CMOS 逻辑门来说明内部开关功耗和输出充电功耗的概念。一般情况下，CMOS 数字设计由标准单元和其他宏模块（如存储器实例）组成。输出充电功耗直接根据输出负载电容获得，内部开关功耗则从库描述所包含的对应模型中获取。标准单元和其他宏模块的内部功耗信息使用库建模标准 [如 Liberty（见参考文献 [LIB]）] 进行描述。虽然任何标准建模方法都可以用来描述功耗，但我们在本书实例中使用 Liberty 建模。

输出充电功耗与单元类型无关，仅取决于单元的输出容性负载、切换频率和电源。内部开关功耗包括由于内部节点电容充放电而在单元内造成的任何功耗。内部开关功耗取决于单元的类型，其模型包含在单元库中。下面介绍库中内部开关功耗的规格。

2.2.1 组合单元的活动功耗

对于组合单元，输入引脚切换会导致输出切换，从而产生内部开关功耗。例如，只要输入切换（上升或下降转换），反相器单元就会有功耗。

下面是一个在库描述中为 nand 单元输出引脚指定内部功耗的例子。

```
pin (Z1) {
  . . .
  power_down_function : "!VDD + VSS";
  related_power_pin : VDD;
  related_ground_pin : VSS;
  internal_power () {
    related_pin : "A";
    power (template_2x2) {
      index_1 ("0.05, 0.1"); /* 输入过渡时间 */
      index_2 ("0.1, 0.25"); /* 输出电容 */
      values ( /*                0.1         0.25 */ \
      /* 0.05 */              "0.045,      0.050", \
      /* 0.1 */              "0.055,      0.056");
    }
  }
}
```

上面的例子显示了输出引脚 Z1 切换所造成的内部功耗。输出切换是由单元输入引脚 A 切换引起的，模板中的 2×2 表是根据输入引脚 A 的过渡时间和输出引脚 Z1 的电容来表示的。值得注意的是，虽然该表是根据总输出电容计算的，但其值仅对应于内部开关功耗，不包括输出电容的贡献。这些值表示每次开关切换（上升或下降）时单元中消耗的内部能量。能量单位可以从库中的其他部分获取；通常电压的单位是伏特（V），电容的单位是皮法拉（pF），能量的单位是皮焦耳（pJ）。因此，库中的内部功耗实际上指定了每次切换所消耗的内部能量。

活动功耗的计算实例：考虑 nand 单元的例子，其功耗表如上所示。假设输入引脚 A 的输入过渡时间为 0.075ns，引脚 Z1 的输出电容为 0.25pF，输入引脚 A 的时钟频率为 100MHz。假设 nand 单元的另一个输入始终保持在高电位。那么在 Vdd 为 1.0V 的情况下，总的活动（或动态）功耗是多少呢？

根据上面的内部功耗表：

每次切换消耗的能量（归结为内部开关功耗）

    = **0.053 pJ**（每次切换）

内部开关功耗 = 0.053 * 2 * 100 * 1E6

    = **10.6 μW**

输出充电功耗（CV_{dd}^2f）

    = 0.25* (1E-12) * (1E8) =**25 μW**

总的活动功耗（内部功耗加输出功耗）

    = **35.6 μW**

0.053pJ 是对功耗表中相应压摆负载点进行插值得到的。内部开关功耗中的因子 2 包括了上升和下降两种情况。

除了功耗表外，描述内部功耗的库文件还包括了对电源引脚、接地引脚和断电功能的规格说明。其中对断电功能的说明规定了单元可以断电的条件。这些描述，允许在结构设计中使用多个电源，也兼顾了不同电源可能断电的场景。下面给出了一个单元的电源引脚规格。

```
cell (NAND2) {
 . . .
 pg_pin (VDD) {
   pg_type : primary_power;
   voltage_name : COREVDD1;
   . . .
 }
 pg_pin (VSS) {
   pg_type : primary_ground;
   voltage_name : COREGND1;
   . . .
 }
}
```

功耗规格在语法上允许单独构造上升和下降功耗（从输出角度讲）。功耗规格也可以是状态相关的。例如，一个异或 xor 单元的状态相关功耗可以指定为依赖于它的两个输入的状态。

在多输入组合单元中，输入引脚切换有时并不会引起输出切换。例如，当与 and（或者与非 nand）单元的一个输入端处于逻辑"0"时，其另一个输入端切换就不能引起输出切换。但即使单元输出不发生切换，由于单元内部节点的充电和放电，也会有少量内部功耗产生。这种由不引发输出变化的输入切换所导致的内部功耗，在单元描述的输入引脚部分会单独指定。通常，这种输入功耗规格使用状态相关的 when 条件进行描述。二输入 nand 单元的相关规格描述如下所示。

```
pin(A1) {
  direction : input;
  related_ground_pin : VSS;
  related_power_pin : VDD;
  . . .
   internal_power () {
  when : "!A2&ZN";
  related_pg_pin : VDD;
  rise_power (passive_power_template_4x1_0) {
   index_1 ("0.002, 0.013,
            0.052, 0.238");
   values ( \
    "0.0242, 0.0213,
     0.0253, 0.0292" \
   );
  }
```

```
  fall_power (passive_power_template_4x1_0) {
    index_1 ("0.002, 0.013, 0.052,
        0.238");
    values ( \
      "0.0592, 0.0574,
       0.0597, 0.0587" \
    );
    }
  }
}
```

对另一个输入引脚也采用类似的描述。

值得注意的是，对于组合单元，在输出不变时产生的内部功耗，与输出也发生切换的情况相比，要小得多。

2.2.2　时序单元的活动功耗

如前节所见，开关功耗可以基于输入输出引脚组合进行指定（针对输出引脚切换的情况），也可以作为输入引脚描述的一部分（针对输入切换但输出不变的情况）。然而，对于时序单元，如具有互补输出 Q 和 QN 的触发器，CLK->Q 转换也会导致 CLK->QN 转换。因此，在库文件中，可以将内部开关功耗指定为三维表格，如下所示。下例中的三个维度分别是 CLK 处的输入压摆值和 Q、QN 处的输出电容。

```
pin (Q) {
  . . .
  internal_power() {
  related_pin : "CLK";
  equal_or_opposite_output : "QN";
  rise_power(energy_template_3x2x2) {
    index_1 ("0.02,   0.2, 1.0"); /* 时钟过渡时间 */
    index_2 ("0.005,  0.2"); /* 输出 Q 处的电容 */
    index_3 ("0.005,  0.2"); /* 输出 QN 处的电容 */
    values (/*0.005   0.2 */ /* 0.005    0.2 */ \
    /* 0.02*/"0.060,  0.070",  "0.061,  0.068", \
    /* 0.2 */"0.061,  0.071",  "0.063,  0.069", \
    /* 1.0 */"0.062,  0.080",  "0.068,  0.075");
  }
  fall_power(energy_template_3x2x2) {
    index_1 ("0.02,   0.2, 1.0");
    index_2 ("0.005,  0.2");
    index_3 ("0.005,  0.2");
```

```
      values ( \
       "0.070, 0.080", "0.071, 0.078", \
       "0.071, 0.081", "0.073, 0.079", \
       "0.066, 0.082", "0.068, 0.085");
    }
  }
```

　　与组合单元的情况类似，时序单元即使输出或内部状态没有变化，也会产生开关功耗。一个常见的例子是在触发器时钟引脚处切换的时钟。每次时钟切换时，即使触发器的状态不变，触发器内部也会产生大量的功耗。这通常是由于触发器单元内部的反相器翻转造成的。时钟输入引脚功耗规格实例如下。

```
cell (DFF) {
 . . .
 pin (CLK) {
  . . .
  internal_power () {
   when : "(D&Q) | (!D&!Q)";/* 输出不变 */
   rise_power (template_3x1) {
    index_1 ("0.1, 0.25, 0.4");/* 输入过渡时间 */
    values ( /* 0.1       0.25      0.4 */ \
             "0.045,     0.050,    0.090");
   }
   fall_power (template_3x1) {/* 仅针对时钟非触发沿，
       内部反相器状态切换 */
    index_1 ("0.1,   0.25,   0.4");
    values ("0.045, 0.050, 0.090");
   }
  }
  internal_power () {
   when : "(D&!Q) | (!D&Q)"; /* 时钟触发沿，输出切换 */
   rise_power (scalar) { /* 与输出对应的输入开关功耗，
  包括内部功耗表 */
    values ( "0" );
   }
   fall_power (template_3x1) { /* 仅针对时钟非触发沿，
       内部反相器状态切换 */
    index_1 ("0.1,   0.25,   0.4");
    values ("0.045, 0.050, 0.090");
   }
  }
 }
}
```

本例显示了在两个 when 条件下 *CLK* 引脚切换的功耗规格。

第一个 when 条件（"(D&Q) | (!D&!Q)"）表示输出 *Q* 与 *D* 相同的情况，时钟不会引起触发器状态的任何变化。这种情况下的内部功耗本质上是由时钟切换时触发器内部时钟反相器状态切换所产生的。

第二个 when 条件（"(D&!Q) | (!D&Q)"）表示时钟引起触发器状态改变的情况。这种情况下，时钟触发沿（或上升沿）引起的功耗是用由 *CLK* 引发的输出引脚 *Q* 的切换来建模的，所以内部功耗仅针对时钟非触发沿（即下降沿）。

2.2.3　内部功耗对参数的依赖

内部功耗主要依赖于电源，并且与电源电压大致呈二次方依赖关系。对其他参数的依赖可以概括为：

1）单元阈值 Vt：高 Vt（HVt）单元[⊖] 相对于低 Vt（LVt）单元具有更低的内部功耗。对于特定的工艺节点，通过替换为更高 Vt 的等效单元，内部功耗可以降低 20%。

2）工艺角：快工艺角下的内部功耗更高。对于相同的电源和温度，快工艺角下的内部功耗可以比标称工艺条件下高出约 10%。

3）温度：内部功耗通常随温度升高而增加，因为在高温下信号的切换速率变慢。这种随温度增加的情况，在慢工艺、高 Vt 单元和低电源电压条件下可以忽略不计，而在快工艺、低 Vt 单元和高电源电压条件下则较为显著。在典型条件（典型工艺、标准 Vt、标称电源电压）下，高温（如 125℃）下的内部功耗可比低温（如 -40℃）下的内部功耗高约 10%。

4）沟道长度：与 Vt 相似，使用较长沟道器件的单元比使用较短沟道器件的单元具有更低的内部功耗。

值得注意的是，除了上面列出的参数以外，库单元还存在着一些差异——具有较高驱动能力的单元相比较弱的单元具有更大的内部功耗。由于设计通常使用多种单元类型，我们在描述设计的内部功耗变化时，将会把重点放在上面列出的参数上。

总体而言，对于给定的设计，内部功耗通常在快工艺、最大电源和最高温度条件下最高。因此，该条件通常用来指定器件的最大功耗。

⊖　高 Vt 单元是指阈值电压高于工艺技术标准的单元。

2.3 泄漏功耗

在 CMOS 数字逻辑中，我们希望只有当标准单元或存储宏模块的引脚有活动时才会产生功耗。然而，如 2.1 节所述，即使在设计中没有活动，也会产生功耗。这是由于 MOS 器件中的泄漏造成的，这种贡献称为泄漏功耗。

2.3.1 对阈值电压的依赖

如 2.1 节所述，泄漏功耗的贡献主要来自两种现象：MOS 器件中的亚阈值电流和栅极氧化物隧穿。通过使用高 Vt 单元可以降低亚阈值电流，但高 Vt 单元速度会降低，设计上需要权衡。低 Vt 单元泄漏较大，但速度却更快。高低 Vt 单元互换并不会对栅极氧化物隧穿的贡献产生显著影响。

基于上面所述，一个可能控制泄漏功耗的方法是利用高 Vt 单元。类似于高 Vt 和标准 Vt[⊖] 单元之间的选择，设计中使用的单元在驱动强度选择上同样提供了泄漏和速度之间的权衡。强度高的单元泄漏功耗较大，但速度也更快。与功耗管理相关的权衡将在后面的章节中详细描述。

作为例子，表 2.1 显示了在 32nm 工艺中使用不同 Vt 的反相器单元在典型工艺角下的泄漏功耗和单元延时[⊜]。

表 2.1　32nm 工艺下不同阈值单元的延时和泄漏功耗

阈值 Vt	单元延时 /ps	泄漏功耗 /nW
超高 Vt（uHVt）	46.9	0.146
高 Vt（HVt）	36.7	0.677
标准 Vt（SVt）	26.4	1.99
低 Vt（LVt）	18.9	12.15
超低 Vt（uLVt）	17.1	41.2

2.3.2 对沟道长度的依赖

一般来说，大多数标准单元库都是使用该工艺支持的最小沟道长度构建的。然而，可

　　⊖　标准 Vt 有时也被称为常规 Vt（RVt）。
　　⊜　采用典型的输入压摆值和输出负载。

以通过增加 MOS 器件的沟道长度来减小泄漏电流。例如，在 40nm 工艺技术中，40nm 是构建核心器件所能达到的最小沟道长度。通过使用更长的沟道长度来构建标准单元，可以减少标准单元中的泄漏。以 40nm 工艺技术为例，标准单元可以使用 45nm 甚至 50nm 的沟道长度来构建。更长沟道的器件性能会更低（延时更大），但泄漏也更低。

在构建标准单元时使用较长沟道的器件，可以在不改变器件阈值的情况下，为性能权衡提供一种选择。作为例子，表 2.2 显示了 40nm 工艺下（典型工艺室温下）缓冲器单元在泄漏功耗和延时之间的权衡。

表 2.2 40nm 工艺下不同沟道长度单元的延时和泄漏功耗

沟道长度 /nm	延时 /ps	泄漏功耗 /nW
40	26.2	48.4
50	31.8	24.4

2.3.3 对温度的依赖

MOS 的亚阈值泄漏与温度有很强的非线性关系。在大多数工艺技术中，随着器件结温从 25℃增加到 125℃，亚阈值泄漏增长 10 ~ 20 倍，甚至更高。栅氧化物隧穿的贡献相对于器件温度或 Vt 的变化要小得多。栅氧化物隧穿效应在 100nm 及以上工艺技术中可以忽略不计，但在 65nm 或更精细的工艺技术中，它是在较低温度下导致泄漏的重要因素。例如，对于 65nm 或更精细的工艺技术，栅氧化物隧穿泄漏可能超过室温下的亚阈值泄漏。在高温下，亚阈值泄漏仍然是泄漏功耗的主要贡献者。表 2.3 显示了典型的二输入 nand 单元的泄漏值，随着温度的升高，泄漏值的增加非常迅速。

表 2.3 45nm 低功耗工艺下典型单元泄漏功耗随温度的变化情况

温度 /℃	泄漏功耗 /nW
25	0.072
105	1.426
125	2.613

2.3.4 对工艺的依赖

泄漏功耗对工艺角有很强的依赖——快工艺角下的泄漏值远高于典型工艺角的泄漏值。同样，慢工艺角的泄漏则比典型工艺角的泄漏小得多。表 2.4 显示了 45nm 低功耗工艺下二输入 nand 单元的泄漏情况。

表 2.4   工艺与泄漏功耗的对比

工艺	泄漏功耗 /nW
慢	0.06
典型	0.58
快	10.7

2.3.5   泄漏功耗建模

每个标准单元的泄漏功耗在库中都会指定。例如，一个反相器单元可能包含以下规格：

```
cell_leakage_power : 1.366;
```

这是单元内部的泄漏功耗。泄漏功耗的单位在库开头会有指定，通常是纳瓦（nW）。一般来说，泄漏功耗取决于单元的状态，状态相关值可以使用 when 条件来指定。例如，一个反相器单元可以有以下规格：

```
cell_leakage_power : 0.70;
leakage_power() {
 when : "!I";
 value : 1.17;
}
leakage_power() {
 when : "I";
 value : 0.23;
}
```

其中 I 为反相器单元的输入引脚。需要注意的是，规格中包含一个默认值（在 when 条件之外），默认值一般是 when 条件内指定的泄漏值的平均值。

在更一般的标准单元描述中，会对单元在各种可能状态下的泄漏功耗进行指定。因此，如果 CMOS 设计的状态已知，则可以根据设计中每个单元或宏模块的状态来计算泄漏功耗。

2.4　高级功耗建模

2.2 节中动态功耗建模使用的是基于输入过渡时间和输出电容描述的传统表格（或非线性）模型。更准确的动态行为模型可以使用基于电流的模型，如复合电流源（CCS）模型或有效电流源模型（ECSM）。基于电流的 CCS 模型或 ECSM 为考虑互连的延时计算提供了更高的准确性，同样也为功耗建模提供了更大的灵活性。

基于电流的模型指定了电流信息（即泄漏时的电源电流以及切换期间的电源瞬态电流）。这使得基于电流的模型也可用于动态仿真。值得注意的是，2.2 节中的功耗模型描述了状态切换过程中的总能量消耗，因此不适用于供电网络的详细时域仿真。接下来将描述 CCS 功耗模型的细节。

2.4.1　泄漏电流

这类似于 2.3 节中描述的泄漏功耗。但该模型指定的是电源的泄漏电流，而非泄漏功耗。除了电源泄漏电流外，栅极泄漏电流也在模型中指定。下面是一个片段实例。

```
leakage_current () {
 when : "A1 !A2 ZN";
 pg_current (VDD) {
   value : 6e-6;
 }
 pg_current (VSS) {
   value : -4e-6;
 }
 gate_leakage (A1) {
   input_high_value : 8e-9;
 }
 gate_leakage (A2) {
   input_low_value : -2e-6;
 }
}
```

上面的二输入 nand 单元实例指定了来自电源引脚的泄漏电流以及流过单元输入引脚 *A1* 和 *A2* 的（栅极）泄漏电流。上述负值电流意味着电流从单元的 *VSS* 引脚流出，以及栅极泄漏电流从单元的输入引脚 *A2* 流出（当 *A2* 较低时）。这个例子显示了在输入 *A1*（= 逻辑 "1"）和 *A2*（= 逻辑 "0"）处于特定条件下的状态相关泄漏电流。其他与状态相关的泄漏电流也以类似的方式指定。

2.4.2 动态电流

动态电流类似于 2.2 节中描述的动态功耗。电源电流是根据输入过渡时间和输出电容的不同组合来指定的。对于每一种组合，电源电流的波形都会被指定。本质上，这里的波形指的是被指定为时间函数的电源电流值。下面给出一个在输出上升条件下的电源电流的例子。

```
dynamic_current() {
  related_inputs : "A";
  related_outputs : "ZN";
  switching_group () {
    input_switching_condition (fall);
    output_switching_condition (rise);
    pg_current (VDD) {
      vector ("ccs_power_template_1") {
        reference_time : 5.06; /* 输入跨越阈值的时间 */
        index_1 ("0.040"); /* 输入过渡时间 */
        index_2 ("0.900"); /* 输出电容 */
        index_3 ("5.079e+00, 5.093e+00, 5.152e+00,
          5.170e+00, 5.352e+00");/* 时间值 */
        /* 电源电流: */
        values ("9.84e-06, 0.082, 0.081,
                0.157, 0.0076");
      }
      . . .
    }
    . . .
  }
  . . .
}
```

reference_time 属性指的是输入波形越过输入阈值的时间。*index_1* 和 *index_2* 是指输入过渡时间和使用的输出负载，*index_3* 是时间。*index_1* 和 *index_2*（输入过渡时间和输出电容）只能各取一个值。*index_3* 指的是时间值，*values* 指的是相应的电源电流。由此，对于给定的输入过渡时间和输出负载，可以得到作为时间函数的电源电流波形。另外，还指定了输入过渡时间和输出电容的其他组合的附加查找表。

其他场景的电源电流也采用类似的描述。下面是一个输入端切换而输出端不变的电源电流的例子：

```
dynamic_current() {
  related_inputs : "A" ;
  when : "!B & ZN" ;
  switching_group () {
    input_switching_condition (rise);
    pg_current (VDD) {
      vector ("ccs_power_template_2") {
        reference_time : 5.06; /* 输入跨越阈值的时间 */
        index_1("0.040"); /* 输入过渡时间 */
        index_2("5.079e+00, 5.152e+00,
            5.170e+00, 5.352e+00");/* 时间值 */
        /* 电源电流: */
        values("6.44e-06, -0.012, 0.008,
                0.003, 1.09e-04");
      }
      . . .
    }
    . . .
  }
  . . .
}
```

使用基于电流的模型的一个主要优点是，这些模型基于系统中的活动情况和去耦电容来估计电源的瞬态噪声，可用于电源的动态仿真。

2.5　总结

泄漏功耗仅取决于设计中的网络状态（逻辑"0"或逻辑"1"），而活动功耗则取决于设计中的开关活动情况。

活动情况反映在单元的输入或输出引脚处。电路的功耗是以下特性的函数：

1）实现的单元类型——这影响活动功耗和泄漏功耗。

2）环境因素，如电源和温度。

3）电路的活动情况和工作频率。

4）输入输出接口和外部负载。

5）嵌入式存储器宏模块的特性。

标准单元库中的功耗模型可用来获取设计中核心逻辑的功耗，这里的核心逻辑指的是采用标准单元实现的部分。

下一章将介绍 CMOS 数字设计中可能用到的存储器宏、输入输出宏和其他宏模块（如模拟块）的功耗。

第 3 章

输入输出和宏模块中的功耗建模

本章将从各个方面描述 CMOS 设计中宏模块和 IO（输入输出）[⊖] 的功耗。如第 2 章所述，存储器宏模块和 IO 可能因为开关活动而产生功耗，称为动态功耗。另外还有表征宏模块内在没有任何活动的情况下存在的泄漏功耗。本章将专门针对宏模块（模拟块、存储器宏模块）及 IO，描述这两种功耗对总功耗的贡献。

3.1 存储器宏模块

嵌入式存储器宏模块是 ASIC 功耗的重要组成部分。图 3.1 采用简化的黑箱来表示一个单端口的存储器宏模块。

该图中展示了两个输入总线和一个输出总线。*DATA* 和 *ADDR* 是输入总线，而 *Q* 是输出总线。此外，还有三个输入：时钟输入（*CLK*）和两个使能输入——存储使能（*ME*）和写使能（*WE*）。在时钟上升沿处，当存储使能和写使能同时激活时，存储器宏模块处于写模式；当仅有存储使能处于活动状态时，存储器宏模块处于读模式。如果存储使能处于非活动状态，则在时钟上升沿处不会产生任何有用的操作。

有了以上的基本知识，我们可以描述存储器宏模块的功耗。在接下来的两个小节中，

⊖ 输入、输出或双向的缓冲器。

将会阐述存储器宏模块的动态功耗和泄漏功耗。

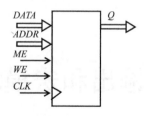

图 3.1　单端口存储器宏模块

3.1.1　动态或活动功耗

对于每个输入总线，如 *ADDR* 和 *DATA*，这些总线信号的每次变换都会导致内部功耗。例如，只要输入端有切换活动，*ADDR* 和 *DATA* 总线就会在存储器中产生内部功耗。下面以一个存储器宏模块中地址总线的内部功耗表为例。

```
bus(ADDR) {
  bus_type : ADDR_9_0;
  direction : input;
  pin(ADR[9:0]) {
   /* 地址总线的功耗  */
   internal_power() {
    rise_power(scalar) {
     values ("0.124");
    }
    fall_power(scalar) {
     values ("0.124");
    }
   }
  }
}
```

上述片段说明了由于 *ADDR* 总线活动而产生的内部功耗。上述值表示 *ADDR* 总线每一位的内部功耗。上述功耗也可以建模为依赖于控制引脚（如存储使能引脚 *ME*）状态的变化。

下面的片段描述了由于 *DATA* 总线切换而产生的输入功耗。

```
bus(DATA) {
  bus_type : DATA_31_0;
  direction : input;
  pin(DATA[31:0]) {
   /* 数据总线的功耗 */
   internal_power() {
    rise_power(scalar) {
     values ("0.153");
     }
    fall_power(scalar) {
     values ("0.153");
     }
    }
   }
 }
```

类似的内部功耗也发生在控制信号——写使能（*WE*）和存储使能（*ME*）引脚上，如下方所示。

```
pin(WE) {
  direction : input;
  /* 使能无效时的功耗 */
  internal_power() {
   rise_power(INPUT_BY_TRANS) {
    values ("17.08, 17.08, 17.08");
    }
   fall_power(INPUT_BY_TRANS) {
    values ("17.08, 17.08, 17.08");
    }
   }
 }
pin(ME) {
  direction : input;
  /* 存储使能信号的功耗 */
  internal_power() {
   rise_power(INPUT_BY_TRANS) {
    values ("0.048, 0.048, 0.048");
    }
   fall_power(INPUT_BY_TRANS) {
    values ("0.048, 0.048, 0.048");
    }
   }
 }
```

上述实例中的功耗值是十分具有代表性的，它们说明写使能（*WE*）信号切换产生的内部功耗要比存储使能（*ME*）信号切换更高，甚至比数据（*DATA*）或地址（*ADDR*）总线信号切换产生的功耗更高。

时钟引脚处于上升沿时，在存储使能和写使能引脚上输入适当的值，就可以进行读操作或写操作；这是存储器宏模块中功耗的主要组成部分。

```
pin(CLK) {
 /* 写功耗 */
 internal_power() {
  when : "ME & WE";
  rise_power(INPUT_BY_TRANS) {
   values ("42.4, 42.4, 42.4");
  }
  fall_power(INPUT_BY_TRANS) {
   values ("0.0, 0.0, 0.0");
  }
 }
 /* 读功耗 */
 internal_power() {
  when : "ME & !WE";
  rise_power(INPUT_BY_TRANS) {
   values ("43.9, 43.9, 43.9");
  }
  fall_power(INPUT_BY_TRANS) {
   values ("0.0, 0.0, 0.0");
  }
 }
 /* 禁用信号的功耗 */
 internal_power() {
  when : "!ME";
  rise_power(INPUT_BY_TRANS) {
   values ("0.93, 0.93, 0.93");
  }
  fall_power(INPUT_BY_TRANS) {
   values ("0.0, 0.0, 0.0");
  }
 }
}
```

以上功耗表格说明，用于读取或写入操作的输入变换会在存储器宏模块中产生比其他输入活动更高的功耗。

在读操作期间，输出总线 Q 也会切换，这将产生内部切换以及输出充电的功耗。下面描述了输出总线 Q 的内部切换功耗。

```
bus(Q) {
  bus_type : Q_31_0;
  direction : output;
  pin(Q[31:0]) {
   /* 数据输出功耗  */
   internal_power() {
    rise_power(scalar) {
     values ("0.022");
     }
    fall_power(scalar) {
     values ("0.022");
     }
    }
   }
  }
```

需要注意的是，输出总线 Q 的输出充电功耗取决于存储器的 Q 引脚驱动的输出电容大小。然而，在大多数实际情况下，存储器的动态功耗主要由时钟执行的读取和写入操作产生。本书第 4 章将介绍对于典型的引脚活动所造成的存储器实例动态功耗的计算方法。

本章接下来的部分将描述 SRAM 宏模块的泄漏功耗。

3.1.2　泄漏功耗

标准单元的泄漏功耗通常是与状态相关的，但存储器不一样，其泄漏功耗通常不与地址、数据或时钟输入相关[⊖]。例如，存储器宏模块的泄漏功耗可以表示为：

```
cell_leakage_power : 1622700;
```

存储器宏模块主要由两部分组成：核心存储器阵列（存储信息）和外围逻辑。外围逻辑包括地址译码器、位线预充电器、差分放大器以及其他驱动电路等。许多存储器为存储器核心和存储器外围逻辑分别供电。在这种情况下，分析存储器宏模块的泄漏功耗时，应该分别描述这两种电源。下面是一个具有独立电源的存储器宏模块的泄漏功耗实例：

⊖ 存储器块的泄漏功耗实际上仍取决于各种控制信号，这些信号可能使存储器处于关闭或低泄漏模式。

```
leakage_power() {
  related_pg_pin : "VDDPE";
  value : 1135800;
}
leakage_power() {
  related_pg_pin : "VDDCE";
  value : 486900;
}
```

如上，*VDDPE* 是存储器外围逻辑的电源，而 *VDDCE* 是存储器核心阵列的电源。在这个例子中，外围逻辑的泄漏功耗占了泄漏功耗的较大比例。对于较小的存储器宏模块，这个结论通常是正确的。对于更大的存储器，核心阵列的泄漏功耗会相对更大。

3.1.2.1 泄漏功耗和速度之间的权衡

存储器核心阵列的位单元通常由晶圆代工厂提供，或由存储器宏模块提供者构建。对于外围逻辑，可以选择调整 MOS 晶体管的阈值（Vt）。例如，使用低阈值 MOS 晶体管构建的外围逻辑可以实现更高的存储器宏模块速度，但泄漏功耗也会更高。我们可以在外围逻辑中选择具有不同阈值的晶体管来权衡泄漏功耗和速度，类似于 2.3 节中描述的标准单元的权衡。

同样地，外围逻辑可以使用沟道较长的 MOS 晶体管来减少泄漏功耗，尽管这样会稍微减慢存储器的访问速度。这也与 2.3 节中描述的标准单元的权衡类似。

上述泄漏功耗和速度之间的权衡在存储器操作期间都适用。类似地，当存储器不活动时，可以采用某些技术来减少存储器的泄漏功耗。由于这些方法在存储器宏模块不活动时使用，因此不需要在性能上进行权衡。

3.1.2.2 控制非活动模式下的泄漏功耗

对于处于非活动模式的存储器宏模块，如下技术可用于减少其泄漏功耗：

1）关闭外围逻辑。可以关闭外围逻辑块以降低功耗。用于关闭外围电源的控制信号可以是外部的，也可以是存储器宏模块内部的。关闭外围电源可以基本消除外围逻辑的泄漏功耗。一些存储器提供商会将这种关闭外围逻辑的方法称为"轻度休眠"（或"小睡"）模式。

2）核心存储器阵列的背偏压。由于核心存储器阵列保存着存储器的内容，关闭核心阵列电源将意味着丢失存储器的内容。因此，只能给存储器阵列逻辑添加背偏压来减少核心存储器阵列的泄漏。背偏压在显著减少泄漏功耗的同时，能够保留存储器的内容。一些存储器提供商会将这种向核心阵列添加背偏压的方法称为"深度休眠"模式。

我们可以使用其中任意一种或两种方法来减少泄漏功耗。关键在于，这些方法只有在存储器宏模块在较长时间内不需要被访问时，才能明显降低功耗。换句话说，将存储器宏模块置于轻度休眠或深度休眠模式之后，需要一定的时间延迟才能显著降低泄漏功耗。同样，在将其从休眠模式恢复到正常模式时也会有延迟。

上述这些降低泄漏功耗的方法都需要添加额外的控制信号以开启低功耗模式。

例如，对于具有轻度休眠（LS）控制输入的存储器宏模块，泄漏功耗可以描述为：

```
leakage_power () {
  when  : "!LS";
  value : 1622700;
}
leakage_power () {
  when  : "LS";
  value : 777000;
}
```

上述实例适用于那些对核心阵列和外围逻辑分别供电的存储器宏模块。

3.2　模拟宏模块中的功耗

模拟宏模块（例如 PLL 和 SerDes 宏模块）的功耗通常无法被区分为泄漏功耗或动态功耗。举例来说，这些宏模块可能在压控振荡器（VCO）模块中引起大量的直流功耗。由输出频率导致的增量功耗通常比直流功耗小。因此，模拟宏模块的功耗通常被描述为直流功耗加上一个变化的成分，例如输出频率引起的功耗。

模拟宏的功耗通常以受限的形式加以指定，例如在数据表中逐行列举。以下是来自 SerDes 宏模块规格的实例：

```
Normal Power dissipation (at 6 Gbps)
AVDD: 10.5mA
AHVDD: 20mA
VDD_CORE: 20μA
```

功耗通常取决于不同的工作模式，例如低速模式、高速模式或关闭模式。

3.3   输入输出缓冲器的功耗

通常情况下，设计中的大部分功耗都会在 IO（输入输出）缓冲器中产生。这主要是因为与核心信号相比，IO 信号具有更大的电压摆幅，并且有较大的输出电容负载。

3.3.1   通用的数字输入输出模块

对于通用数字 IO，功耗计算在很大程度上与标准单元逻辑类似。数字 IO 可以粗略地分为以下 3 种类型：

1）输出 IO 缓冲器；

2）输入 IO 缓冲器；

3）双向 IO 缓冲器。

接下来将介绍上述每种类型各自的功耗计算。

3.3.1.1   输出 IO 缓冲器

对于输出 IO 缓冲器，其功耗来自于：

1）泄漏功耗；

2）内部开关功耗；

3）输出充电功耗。

IO 的泄漏功耗通常只占总功耗的一小部分（这与标准单元逻辑的情况不同，标准单元的泄漏功耗可能在总功耗里占据较大的比例）。在其他两个功耗（内部开关功耗和输出充电功耗）中，由输出端的外部负载引起的功耗通常远大于内部开关功耗。

以下是一个 IO 缓冲器泄漏功耗规格的摘录：

```
rail_connection(PV1, CORE_VOLTAGE);
rail_connection(PV2, IO_VOLTAGE);
cell_leakage_power : 940.31;
leakage_power() {
  power_level : "CORE_VOLTAGE";
  when : "!I";
  value : 866.56;
}
leakage_power() {
  power_level : "IO_VOLTAGE";
  when : "!I";
  value : 83.92;
}
leakage_power() {
  power_level : "CORE_VOLTAGE";
  when : "I";
  value : 848.44;
}
leakage_power() {
  power_level : "IO_VOLTAGE";
  when : "I";
  value : 81.70;
}
```

IO 缓冲器还充当了电平移位器，因为 ASIC 外部信号的电平通常与 ASIC 核心内部信号的电平不同。因此，IO 缓冲器使用两个电源：*IO_VOLTAGE* 和 *CORE_VOLTAGE*。多电压单元的泄漏功耗需要与每个电源关联，上述 IO 缓冲器泄漏功耗的字段显示了 *IO_VOLTAGE* 和 *CORE_VOLTAGE* 泄漏功耗的区别，但这两者均取决于 IO 缓冲器的输入引脚状态。

下面描述了 IO 缓冲器的内部功耗模型。

```
internal_power(){
  power_level : IO_VOLTAGE;
  related_pin : "I";
  rise_power(TABLE_LOAD_2x3) {
    index_1 ("0.1, 0.4"); /* 输入过渡时间 */
    index_2 ("4.0, 8.0, 12.0"); /* 输出电容  /
    values("12.84, 12.87, 12.89", \
        "12.85, 12.88, 12.90");
  }
  fall_power(TABLE_LOAD_2x3) {
    index_1 ("0.1, 0.4"); /* 输入过渡时间  */
    index_2 ("4.0, 8.0, 12.0"); /* 输出电容  */
    values("11.01, 11.04, 11.11", \
        "10.99, 11.02, 11.06");
  }
}
```

上述功耗模型仅与 *IO_VOLTAGE* 相关。在这个实例中，没有为 *CORE_VOLTAGE* 指定单独的功耗模型，因为其供电功耗是可以忽略不计的。

如下是一个动态功耗计算实例。考虑图 3.2 中输出 IO 缓冲器的描述。该缓冲器在输出电源（*VDD_IO*）为 2.5V 的情况下工作，并驱动 8pF 的输出负载。输入引脚 *I* 接收频率为 20MHz 的时钟信号，信号上升时间为 0.4ns，下降时间为 0.1ns。则在 *VDD_IO* 电源供应下，输出缓冲器的总动态功耗是多少？

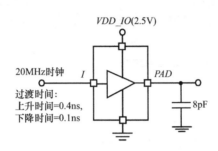

图 3.2　输出 IO 缓冲器

根据所提供的内部功耗表格：

每个时钟上升沿的功耗

　　（对内部开关功耗的贡献）= **12.88pJ**（每个上升沿）

每个时钟下降沿的功耗

　　（对内部开关功耗的贡献）= **11.04pJ**（每个下降沿）

内部开关功耗 =

　　(12.88 + 11.04) * (1E-12) * 20 * 1E6 = **478.4μW**

输出充电功耗（$CV_{dd}^2 f$）=

　　8.0 * (1E-12) * 2.5 * 2.5 * (20 * 1E6) = **1000μW**

总动态功耗（内部开关功耗与输出充电功耗之和）= **1478.4μW**

该输出缓冲器总计从 *VDD_IO* 电源消耗了 1478.4μW 的动态功耗。由于较高的输出电压和较大的输出负载，该动态功耗由输出充电功耗主导。

3.3.1.2　输入 IO 缓冲器

对于输入 IO 缓冲器，功耗的整体分解与输出 IO 缓冲器相同。一个区别是，输出充电负载现在指的是 IO 的核心侧引脚，因此输出充电的消耗类似于其他核心逻辑信号。下面是一个输入 IO 缓冲器的 Liberty 描述的实例摘录：

```
internal_power(){
  power_level : CORE_VOLTAGE;
  related_pin : "PAD";
  rise_power(TABLE_LOAD_2x3) {
    index_1 ("1.0, 2.0"); /* 输入过渡时间  */
    index_2 ("0.01, 0.02, 0.04"); /* 输出电容   */
    values("1.12, 1.12, 1.12", \
        "0.84, 0.84, 0.85");
  }
  fall_power(TABLE_LOAD_2x3) {
    index_1 ("1.0, 2.0"); /* 输入过渡时间 */
    index_2 ("0.01, 0.02, 0.04"); /* 输出电容  */
    values("6.43, 6.44, 7.02", \
        "5.29, 5.32, 5.64");
  }
```

上述功耗模型与 *CORE_VOLTAGE* 有关。在这个例子中，没有为 *IO_VOLTAGE* 指定单独的功耗模型，因为其供电功耗被认为是可以忽略的。

动态功耗的计算实例。考虑图 3.3 中输入 IO 缓冲器的例子。其由 0.9V 的核心电源供电，在引脚 *C* 上驱动一个 0.02pF 的负载。输入引脚 *PAD* 上有一个频率为 40MHz 的时钟，上升和下降时间都是 1.5ns。那么在核心电源供应下，输入缓冲器的总动态功耗是多少？

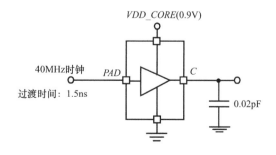

图 3.3　输入 IO 缓冲器

根据上文的内部功耗表格：

每个时钟上升沿的功耗

(对内部开关功耗的贡献) = (1.12 + 0.84)/2 = **0.98pJ** (每个上升沿)

每个时钟下降沿的功耗

(对内部开关功耗的贡献) = (6.44 + 5.32)/2 = **5.88pJ** (每个下降沿)

内部开关功耗 =

   (0.98 + 5.88) * 40 * 1E6 = **274.4μW**

输出充电功耗 (CV_{dd}^2f) =

   0.02 * (1E-12) * 0.9 * 0.9 * (40 * 1E6) = **0.648μW**

总动态功耗 (内部开关功耗与输出充电功耗之和) = **275.048μW**

与输出缓冲器不同，输出充电功耗对总动态功耗的贡献非常小。

3.3.1.3 双向 IO 缓冲器

双向 IO 可以在输入模式或输出模式下运行。因此，根据控制信号，IO 可以用作输入 IO 缓冲器或输出 IO 缓冲器。在输入模式下，来自 *PAD* 的输入信号传递到核心侧引脚 *C*，而在输出模式下，核心侧输入引脚 *I* 的信号被传递到输出 *PAD*。值得注意的是，即使在输出模式下，*PAD* 信号仍然可以传递到核心侧引脚 *C* 上。由于 *PAD* 信号始终可在核心侧引脚 *C* 上使用，因此缓冲器即使处于输出模式，也会消耗与输入模式相对应的功耗。

因此，双向 IO 缓冲器的平均功耗应该将 IO 缓冲器在输入模式下的功耗部分与在输出模式下的功耗部分结合才能获得。此计算需要假设输出使能控制信号的翻转率与引脚 *I* 或 *PAD* 信号的翻转率相比能够忽略不计。

双向 IO 的动态功耗计算实例。 考虑如下例子，其中双向缓冲器的输入模式和输出模式的功耗模型与之前描述的输入和输出缓冲器的模型相同。

图 3.4 所示的双向缓冲器在 60% 的时间内处于输入模式，并在剩余 40% 的时间内处于输出模式。对于输入模式，*PAD* 信号的上升和下降时间均为 1.5ns；对于输出模式，核心侧输入引脚（*I*）的上升时间为 0.4ns，下降时间为 0.1ns。*PAD* 引脚的负载为 8pF，而核心侧输出引脚（*C*）的负载为 0.02pF。在输入模式下，*PAD* 上施加了一个频率为 40MHz 的时钟，而在输出模式下，核心侧引脚（*I*）上施加了一个频率为 20MHz 的时钟。我们假设在 *PAD*

上的输出上升和下降时间均为 1.5ns（与输入模式下外部施加的 *PAD* 信号的过渡时间相同）。
在核心电压为 0.9V、IO 电压为 2.5V 的情况下，总的动态功耗是多少？

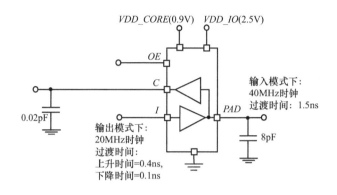

图 3.4　双向的 IO 缓冲器

输出模式和输入模式的内部功耗表与本节先前描述的输出缓冲器和输入缓冲器的内部
功耗表相同。此外，翻转率（时钟频率）、输入过渡时间和输出负载值也与本节中假设的输
出和输入缓冲器的值相同。根据先前的实例计算：

对于输出模式下的 I->PAD 开关功耗 = 1478.4μW
（与输出缓冲器相同）

对于输出模式下的 *PAD->C* 开关功耗，采用以下计算方法。这与输入 IO 缓冲器的功
耗计算类似。

每个时钟上升沿的功耗
（对内部开关功耗的贡献）=（1.12 + 0.84）/2 = 0.98pJ（每个上升沿）
每个时钟下降沿的功耗
（对内部开关功耗的贡献）=（6.44 + 5.32）/2 = 5.88pJ（每个下降沿）
内部开关功耗 =
　　（0.98 + 5.88）* 20 * 1E6 = **137.2μW**
输出充电功耗（$CV_{dd}^2 f$）=
　　0.02 *（1E-12）* 0.9 * 0.9 *（20 * 1E6）= **0.324μW**
输出模式下的 PAD->C 总功耗

（内部功耗加输出功耗）= 137.2 + 0.324 = **137.524μW**

输出模式下的功耗

（输出模式时间占比 40%）= 1478.4 + 137.524 = **1615.924μW**

输入模式下的功耗

（输入模式时间占比 60%）= **275.048μW**（与输入 IO 缓冲器相同）

双向缓冲器的总动态功耗 =

40% * 1615.924 + 60% * 275.048 = 646.3696 + 165.0288 = **811.3984μW**

3.3.2 带终端的高速输入输出模块

对于高速接口，IO 通常会连接终端，以最小化线路上的反射。在这种情况下，传输线摆幅不是轨到轨的，而是会随着并联电阻终端而减小。此外，由于终端存在电阻，功耗具有直流分量。

3.3.2.1 外部并联终端的输出缓冲器

图 3.5 描述了一个带有外部并联终端的输出 IO 的例子（同样的表示方法适用于输出模式下的双向 IO 缓冲器）。对于点对点的连接，板级互连线路被设计成具有特定阻抗的传输线。传输线两端的阻抗不匹配会产生不理想的反射（特别是对于高速接口）。因此，通常在输出目的地采用并联终端，以减少反射。终端 *Rt*（见图 3.5）连接到 *VTT* 电源，其通常设置为 *VDDQ*/2（其中 *VDDQ* 是 IO 缓冲器的输出电源电压）。

虽然图 3.5 中描述了终端 *Rt* 在目标宏模块的外部，但许多情况下，如 DRAM，在宏模块的内部有内置终端。这也被称为输入 ODT（片上终端）。

即使在稳定的高电平（或稳定的低电平）状态下，图 3.5 中输出缓冲器也会有一个直流电流通过其输出级。当 IO 缓冲器输出高电平时，直流电流从输出 *PAD* 引脚流经传输线进入终端电阻 *Rt*，最后进入 *VTT* 电源。同样地，当 IO 缓冲器输出低电平时，直流电流从终端电源 *VTT* 流经传输线进入输出缓冲器的 *PAD* 引脚，并最终接地。假设 IO 缓冲器的 *Rout* 为 34Ω $^\ominus$，目标终端阻抗为 66Ω。*VDDQ* 为 1.5V，*VTT* 为 0.75V，*PAD* 引脚的电压水平如表 3.1 所示。

⊖ 34Ω 是 DDR3 的 JEDEC 标准驱动阻抗之一（见参考文献 [JED10]）。

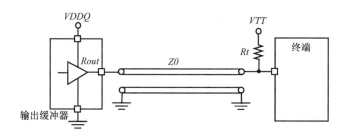

图 3.5 传输线远端的 *Rt* 外部终端（至 *VTT*）

表 3.1 IO 缓冲器的 *PAD* 引脚在带和不带终端情况下的输出电压

	Vout [带 66Ω 终端电阻（ *Rt* ）至 *VTT*（ =VDDQ/2 ）] /V	*Vout*（无终端）/V
输出高电平	1.245	1.5
输出低电平	0.255	0

直流功耗：在上述 IO 缓冲器例子中，IO 缓冲器的直流功耗是：

IO 缓冲器的直流功耗 = 0（不带终端电阻）

IO 缓冲器的直流功耗 =

$$(0.255 * 0.255) / 34 =$$

1.913mW（带 66Ω 终端电阻至 VDDQ/2）

值得注意的是，上述计算是针对 IO 缓冲器内的功耗；还有额外的功耗（由 IO 缓冲器的 *VDDQ* 提供）是在 66Ω 终端电阻中产生的。

由 IO 缓冲器的 *VDDQ* 提供的功耗：表 3.2 描述了 IO 缓冲器的 *VDDQ* 引入的电流和功耗。该表表明，由 IO 缓冲器的 *VDDQ* 引入的功耗与 IO 缓冲器内的功耗有着不同的计算结果。

与模拟宏模块的情况一样，Liberty 模型中的功耗描述往往不足以用于在有电阻终端的情况下进行准确的功耗分析。

表 3.2 IO 缓冲器内部功耗和 IO 缓冲器的 *VDDQ* 提供的功耗比较

	IO 缓冲器内部的功耗 /mW	*VDDQ* 提供的电流 /mA	*VDDQ* 的功耗 /mW
输出高电平	1.913	7.5	11.25
输出低电平	1.913	0	0

⊖ 不管带不带终端，IO 缓冲器中都有额外的泄漏功耗。

根据电源 *VDDQ*、终端电源、IO 缓冲器的输出驱动阻抗和终端电阻值，可以计算出稳态（输出高或低）条件下的功耗。通常需要进行 SPICE 级别的详细分析，才能在基于工作频率和 IO 缓冲器内翻转率的特定配置下计算出功耗。

3.3.2.2 带电阻终端的输入缓冲

图 3.6 描述了一个带有内部并联终端的输入 IO 缓冲器（注意，图 3.6 中的表述也适用于输入模式下的双向 IO 缓冲器）。与对带有外部并联终端的输出缓冲器的描述一样，电路板上的点对点连接被设计成由具有特定阻抗的传输线实现。为了尽量减少由于阻抗不匹配引起的反射，在输入引脚处使用了一个（可编程的）电阻性终端。终端电阻 *Rt* 连接到 *VDDQ*/2，在这里被等效为两个 "2*Rt" 的电阻，分别连接到 *VDDQ* 和 *VSSQ*（*VDDQ* 和 *VSSQ* 是 IO 缓冲器的电源和地）。

即使在稳定的高电平（或稳定的低电平）下，在图 3.6 描述的输入 IO 缓冲器中，也会有直流电流流过 IO 缓冲器的输入终端电阻。当输入信号为高电平时，直流电流从源头通过传输线流入 IO 缓冲器的输入引脚。同样地，当输入信号为低电平时，直流电流从 IO 缓冲器的输入引脚通过传输线流入源驱动器。对于一个输出阻抗为 40Ω 的驱动器⊖ 连接到一个带有 60Ω⊖ 输入的终端的 IO 缓冲器，并且在 *VDDQ* 为 1.5V 的工作条件下，*PAD* 引脚的电压如表 3.3 所示。

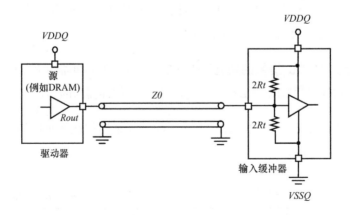

图 3.6 输入端为 *Rt* 的输入缓冲器

⊖ 40Ω 是 DDR3 的 JEDEC 标准驱动阻抗之一（见参考文献 [JED10]）。

⊖ 60Ω 是 DDR3 的 JEDEC 标准输入终端阻抗之一（见参考文献 [JED10]）。

直流功耗：在上面的 IO 缓冲器例子中，直流功耗为：

IO 缓冲器的直流功耗 = 0 （不带终端电阻）[⊖]

IO 缓冲器的直流功耗 =
$$[(1.2 * 1.2) + (0.3 * 0.3)] / 120 =$$
12.75mW （带 60Ω 输入终端电阻）

表 3.3　IO 缓冲器的 *PAD* 引脚在带和不带终端情况下的输入电压

	Vin（带 60Ω 输入终端电阻）/V	*Vin*（不带终端电阻）/V
高输入电压	1.2	1.5
低输入电压	0.3	0

值得注意的是，上述计算适用于 IO 缓冲器内部的直流功耗，它在源为高电平或低电平时均适用。对照前面章节中的描述，对 IO 缓冲器的 *VDDQ* 电源的功耗计算是完全不同的。

由 IO 缓冲器的 *VDDQ* 提供的功耗：在上述 IO 缓冲器实例中，从 IO 缓冲器的 *VDDQ* 电源提供的电流和功耗如表 3.4 所示。从前面章节的描述可以看出，IO 缓冲器中消耗的功耗与由 IO 缓冲器的 *VDDQ* 电源产生的功耗不同。

表 3.4　IO 缓冲器内部功耗和 IO 缓冲器的 *VDDQ* 提供的功耗比较

	IO 缓冲器内部的功耗 /mW	*VDDQ* 提供的电流 /mA	*VDDQ* 的功耗 /mW
高输入电压	12.75	2.5	3.75
低输入电压	12.75	10	15

与输出模式类似，在输入模式中，Liberty 模型中的功耗描述通常不足以用于进行准确的功耗分析。基于电源 *VDDQ*、输入终端电阻以及驱动器的输出阻抗，可以计算 IO 缓冲器在稳态条件（输出高电平或低电平）下的功耗。通常需要进行 SPICE 级别的详细分析，才能根据工作频率和 IO 缓冲器内翻转率，获取特定配置下的功耗。一般情况下，输入模式下的功耗由直流功耗主导。

⊖　不管带不带终端，IO 缓冲器中都有额外的泄漏功耗。

3.4　总结

本章描述了存储器宏模块、其他核心宏模块和 IO 缓冲器的功耗计算方法。与标准单元逻辑和存储器宏模块的功耗不同，特殊模拟宏模块的功耗可能有其他依赖性（如偏置电路），而这些依赖性并不取决于信号翻转率。

简而言之，关键点如下：

1）存储器的功耗取决于存储器是否被使能，以及它是否在进行读或写操作。

2）将存储器置于可用的睡眠模式中，可以减少存储器的泄漏功耗。

3）IO 缓冲器会在核心电源及 IO 缓冲器电源上产生功耗。

4）双向 IO 缓冲器的功耗计算取决于 IO 缓冲器处于输入与输出模式下的时间比例。

5）高速 IO 缓冲器（如 DDR2/DDR3 IO 缓冲器）通常使用带有终端的传输线来减少信号反射。并联终端会引入固定的直流功耗，即使在 IO 缓冲器没有切换时也会存在。由于并联终端的存在，IO 缓冲器的功耗和 IO 缓冲器电源提供的功耗是不同的。

下一章将讨论基于翻转率的详细功耗计算。

第 4 章

ASIC 中的功耗分析

本章将从各个方面阐述数字 CMOS 设计中的功耗分析方法。ASIC 的功耗由数字核心逻辑、存储器、模拟宏模块和其他 IO 接口的功耗组成。数字核心逻辑和存储器宏模块中的功耗分为动态功耗与泄漏功耗。动态功耗由开关活动引起；泄漏功耗即使在设计中没有任何开关活动时仍存在。本章将详细介绍上述各种功耗，并且着重分析设计中影响功耗的各种因素。除此之外，本章也将详细介绍开关活动对功耗的影响。

4.1 什么是开关活动性

如第 2 章和第 3 章所述，功耗计算通常从标准单元、存储器宏模块和 IO 库的功耗模型中获得参数。使用库中功耗模型进行的功耗计算依赖于标准单元、存储器宏模块和 IO 的每个引脚的开关活动和状态。

所以，功耗计算的关键是确定每个信号线的开关活动性。开关活动性是由以下两个参数组成的：

1）静态概率；

2）翻转率。

4.1.1 静态概率

对于给定的信号线，静态概率表示信号的预期状态。例如，一个 0.2 的静态概率值意味着信号有 20% 的时间为逻辑 1（80% 的时间为逻辑 0 ⊖）。一个时钟信号有着 50% 占空比意味着时钟信号的静态概率为 0.5（或时钟在 50% 的时间内为逻辑 0，50% 的时间为逻辑 1）。

4.1.2 翻转率

翻转率是指单位时间内的开关次数。对于周期性信号，例如指定了频率的时钟，翻转率是信号频率的两倍（因为每个周期内有上升和下降，共两次翻转）。

功耗计算需要分析设计中每个信号的开关活动（静态概率和翻转率）。

4.1.3 实例

在图 4.1 中，*CK* 和 *Q* 引脚处于逻辑 1 的概率是 0.5。*CK* 引脚的翻转率是 40ns 内 8 次开关，即每秒 2 亿次开关。*Q* 引脚的翻转率是 40ns 内开关 4 次，即每秒 1 亿次。

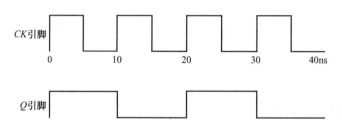

图 4.1 静态概率相同但翻转率不同的波形实例

概率为 1 或 0 的信号线被认为是一根恒定信号线；概率为 0.5 的信号线在 50% 的时间内处于逻辑 1 状态。实际上，对于确定静态概率的信号线，我们可以根据翻转率计算其工作周期。静态概率为 0.25 的信号线在 25% 的时间内处于逻辑 1 状态。具有相同翻转率但不同静态概率（不同占空比）的两个实例波形如图 4.2 所示。

⊖ 为了简单起见，我们假设信号在任何时候均不处于未知（或 X）状态。

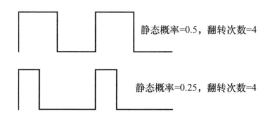

图 4.2　翻转率相同但静态概率不同的波形实例

　　考虑图 4.3 中所示的实例。信号线 *CK* 的静态概率为 0.5，翻转率为每秒 1 亿次，而信号线 *CKE* 的静态概率也为 0.5，翻转率为每秒 2000 次。在这种情况下，信号线 *CKG* 的翻转率几乎为每秒 5000 万次。这是因为 *CKE* 的静态概率为 0.5（它在一半的时间内处于开启状态），而 *CK* 的翻转率要比 *CKE* 的翻转率大得多。所以，与 *CK* 的开关相比，*CKE* 可以被视为几乎稳定的信号，而只有一半 *CK* 的开关会传播到信号线 *CKG* 中。

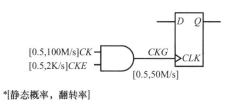

*[静态概率，翻转率]

图 4.3　与门的输出端降低翻转率的实例

4.2　基本单元和宏模块的功耗计算

　　本节将利用库描述和开关活动值，举例详细说明基本单元和存储器宏模块的功耗计算方法。

4.2.1　2 输入与非门单元的功耗计算

　　本节将阐述如何计算一个具有输入引脚 *A1* 和 *A2* 以及输出引脚 *ZN* 的 2 输入与非门的功耗。如图 4.4 所示，假设该单元各引脚的开关活动都是已知的。

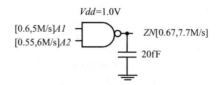

图 4.4 利用引脚的开关活动性计算与非门的功耗

功耗计算使用开关活动性和库文件描述。下方是库内描述该单元功耗规格的片段。

```
leakage_power () {
  value : 42.2;
}
leakage_power () {
  value : 26.1;
  when : "!A1 !A2";
}
leakage_power () {
  value : 33.0;
  when : "!A1 A2";
}
leakage_power () {
  value : 27.0;
  when : "A1 !A2";
}
leakage_power () {
  value : 82.7;
  when : "A1 A2";
}
pin(A1) {
  direction : input;
  internal_power () {
   when : "!A2&ZN"; /* A1 开关不引发输出开关 */
   rise_power (scalar) {
    values ("0.004");}
   fall_power (scalar) {
    values ("0.006");}
   }
  }
}
pin(A2) {
  direction : input;
  internal_power () {
   when : "!A1&ZN"; /* A2 开关不引发输出开关 */
   rise_power (scalar) {
```

```
    values ("0.006");
  }
  fall_power (scalar) {
   values ("0.008");
  }
  }
}


pin(ZN) {
  direction : output;
  internal_power () { /* A1 引发了输出开关 */
   related_pin : "A1";
   rise_power (scalar) {
    values ("0.043");}
   fall_power (scalar) {
    values ("0.016");}
  }
  internal_power () { /* A2 引发了输出开关 */
   related_pin : "A2";
   rise_power (scalar) {
    values ("0.036");}
   fall_power (scalar) {
    values ("0.021");}
 }
}
```

图 4.4 显示了与非门单元引脚的开关活动性（据上述功耗库描述）。这些数据通常是通过仿真获得的，信息是以 SAIF 格式提取的。与非门单元引脚的开关活动值是：

A1 引脚的静态概率 = 0.6

A2 引脚的静态概率 = 0.55

A1 引脚的翻转率 = 500 万次 /s

A2 引脚的翻转率 = 600 万次 /s

ZN 引脚的静态概率 = 0.67

ZN 引脚的翻转率 = 770 万次 /s

值得注意的是，输出 *ZN* 的静态概率直接来自输入 *A1* 和 *A2* 的静态概率。⊖

⊖　组合门输出端的静态概率值如图 4.8 所示。

4.2.1.1 泄漏功耗的计算

泄漏功耗根据库中指定的 *A1* 和 *A2* 引脚在各种条件下的泄漏功耗值来计算。我们基于 *A1* 和 *A2* 引脚的静态概率来完成上述计算，计算过程如下所示。

泄漏功耗：

```
= 26.1 * Prob(!A1 !A2) +
  33.0 * Prob(!A1 A2) +
  27.0 * Prob(A1 !A2) +
  82.7 * Prob(A1 A2)

= 26.1 * (1 - 0.6) * (1 - 0.55)+
  33.0 * (1 - 0.6) * 0.55 +
  27.0 *0.6 * (1 - 0.55) +
  82.7 * 0.6 * 0.55

= 46.539nW
```

4.2.1.2 动态功耗的计算

动态功耗是基于 *ZN* 引脚每秒 770 万次、*A1* 引脚每秒 500 万次和 *A2* 引脚每秒 600 万次的翻转率进行计算的。

内部功耗

对于 *ZN* 引脚上开关活动引起的内部功耗，必须使用与路径相关的内部功耗表。值得注意的是，根据 *A1* 和 *A2* 的翻转率，*ZN* 引脚上每秒 770 万次的翻转率被映射到特定路径（*A1->ZN*）或（*A2->ZN*）。*ZN* 引脚到特定路径的翻转率分布与输入 *A1* 和 *A2* 的翻转率相同。

```
A1->ZN 翻转率：
  = ZN 翻转率 * A1 翻转率 /(A1 翻转率 + A2 翻转率)
  = 7.7 * 5 / (5 + 6) *100 万次 /s
  = 350 万次 /s

A2->ZN 翻转率：
  = ZN 翻转率 * A2 翻转率 /(A1 翻转率 + A2 翻转率)
  = 7.7 * 6 / (5 + 6) *100 万次 /s
  = 420 万次 /s
```

A1 不造成输出开关的翻转率：

　= *A1* 翻转率　－ *A1->ZN* 翻转率

　= (5 − 3.5)*100 万次 /s

　= 150 万次 /s

A2 不造成输出开关的翻转率：

　= *A2* 翻转率　－ *A2->ZN* 翻转率

　= (6 − 4.2)*100 万次 /s

　= 180 万次 /s

对于 *A1->ZN* 的翻转率，我们使用 *A1->ZN* 内部功耗表；对于 *A2->ZN* 的翻转率，我们使用 *A2->ZN* 内部功耗表。正如在第 2 章中所述，内部功耗表可以是一个非线性表，根据输入压摆率和输出电容来定义。为了简化解释，本例中的功耗值被描绘为独立于输入压摆率或输出电容的标量值。

这个单元的库描述规定了以下两种情况中每个引脚的内部功耗：

1）输入引脚开关导致输出开关。

2）输入引脚开关不导致输出开关。

后者对应输入 *A1* 的开关条件 "= !A2&ZN " 和输入 *A2* 的开关条件 "= !A1&ZN "。

在库中：

A1 上不导致输出引脚开关的内部单次开关功耗为[⊖]：

　= **0.004pJ**（上升转换）和

　　0.006pJ（下降转换）

A1 上不导致输出引脚开关的内部总功耗为：

　= （150 万 / 2）* 0.004

　　+（150 万 / 2）* 0.006

　= **7.5nW**

如上所示，翻转率被除以 2，得到上升翻转率和下降翻转率。同理，在库中：

A1 上导致输出引脚开关的内部单次开关功耗为：

　= **0.043pJ**（上升转换）和

　　0.016pJ（下降转换）

⊖　正如第 2 章中所描述的那样，库中的功耗模型实际上代表了每次开关的能量消耗。

A1 上不导致输出引脚开关的内部总功耗为：

= 350 万 * (0.043 + 0.016) / 2

= **103.25nW**

A1 的开关活动导致的内部总功耗为：

= 7.5 + 103.25

= **110.75nW**

输入引脚 *A2* 的类似计算如下。

A2 上不导致输出引脚开关的内部单次开关功耗为：

= **0.006pJ**（上升转换）和

　0.008pJ（下降转换）

A2 上不导致输出引脚开关的内部总功耗为：

= 180 万 * (0.006 + 0.008) / 2

= **12.6nW**

A2 上导致输出引脚开关的内部单次开关功耗为：

= **0.036pJ**（上升转换）和

　0.021pJ（下降转换）

A2 上导致输出引脚开关的内部单次开关功耗为：

= 420 万 * (0.036 + 0.021) / 2

= **119.7nW**

A2 的开关活动导致的内部总功耗为：

= 12.6 + 119.7

= **132.3nW**

输出充电功耗

现在我们阐述一下输出充电功耗的计算。假设电源 *Vdd* 为 1.0V，由 *ZN* 驱动的输出电容为 20fF。

ZN 引脚的翻转率：

= **770 万次 /s**

输出充电总功耗：

= 0.5 * C * Vdd * Vdd * **翻转率**

= 0.5 * 20fF * 1 * 1 * 770 万

= **77nW**

4.2.1.3　总功耗

总功耗是泄漏功耗和动态功耗的总和。使用上面计算出的数值：

与非门的总功耗：

= 泄漏功耗 + 内部功耗 + 输出充电功耗

= 46.539 + (110.75 + 132.3) + 77

= **366.589nW**

在上述的各种情况下，上升和下降的概率被假定是相等的。在每次计算中，50% 的开关对应于上升转换功耗模型，另外的 50% 对应于下降转换功耗模型。

4.2.2　触发器单元的功耗计算

本节将讲述如何使用宏的各个引脚的开关活动信息计算 D 型触发器单元的功耗。本例说明了内部功耗的计算方法——泄漏和输出充电功耗的计算类似于上一小节中与非门单元的计算。触发器各引脚的开关活动性如图 4.5 所示。

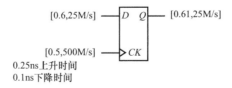

图 4.5　使用时钟过渡时间和引脚活动信息进行功耗计算

触发器由一个 250MHz 的输入时钟驱动，输入过渡时间为上升 0.25ns，下降 0.1ns。下面是一个 D 型触发器单元功耗计算的例子：

```
pin (CLK) {
  internal_power () {
  when : "(D&Q) | (!D&!Q)"; /* Q 上没有开关活动 */
  rise_power (template_2x1) {
  index_1 ("0.1, 0.4"); /* 输入过渡时间 */
   values ( /*              0.1                0.4 */ \
              "      0.050,      0.090");
  }
  fall_power (template_2x1) {
    index_1 ("0.1, 0.4");
    values ( \
      "0.070, 0.100");
  }
}
internal_power () {
  when : "(D&!Q) | (!D&Q)"; /* Q 上有开关活动 */
  rise_power (scalar) {
   values ( "0" );
  }

    fall_power (template_2x1) {
      index_1 ("0.1, 0.4");
      values ( \
        "0.070, 0.110");
    }
  }
}
  pin (D) {
    direction: input;
    internal_power () { /* 输入引脚功耗 */
     rise_power (scalar) {
       values ("0.026");}
     fall_power (scalar) {
       values ("0.011");}
    }
  }
  pin (Q) {
    direction: output;
    related_pin: CLK;
    internal_power () { /* 当输出信号翻转时 */
     rise_power (scalar) {
       values ("0.09");}
     fall_power (scalar) {
       values ("0.11");}
    }
  }
```

触发器的 D、CLK 和 Q 引脚信号的开关活动信息如下。

> D 引脚的静态概率 = 0.6
>
> CLK 引脚的静态概率 = 0.5
>
> D 引脚的翻转率 = 2500 万次 /s
>
> CLK 引脚的翻转率 = 5 亿次 /s
>
> Q 引脚的静态概率 = 0.61
>
> Q 引脚的翻转率 = 2500 万次 /s

这对应一个由 250MHz 时钟驱动的触发器，其中输入数据和触发器输出具有 10% 的活动性（即触发器在 10% 的时钟周期内存在开关活动）。上述场景的动态功耗计算如下所述。

由 D 引脚开关导致的内部功耗为：

> = 2500 万 * (0.026 + 0.011) / 2
>
> = **0.4625μW**

由于需要计算 CLK 引脚转换产生的内部功耗，我们将其分解为会在输出引脚 Q 处引起转换的转换和不会在输出引脚 Q 处产生转换的转换。根据 CLK 和 Q 的活动情况，可以确定在 CLK 引脚上的每秒 5 亿次翻转中，有 2500 万次开关（上升沿）会在输出引脚 Q 处产生转换，其余 4.75 亿次开关（每秒 2.25 亿次上升沿和 2.5 亿次下降沿）不会在输出引脚 Q 处引起转换。

Q 引脚开关导致的内部功耗为：

> = 2500 万 * (0.09 + 0.11) /2
>
> = **2.5μW**

CLK 引脚上升沿导致的内部功耗为：

> = 2500 万 * 0.0 + 22500 万 * 0.07
>
> = **15.75μW**

CLK 引脚下降沿导致的内部功耗为：

> = 25000 万 * 0.07
>
> = **17.5μW**

内部总功耗：

> = (0.4625 + 2.5 + 15.75 + 17.5) μW
>
> = **36.2125μW**

4.2.3 存储器宏模块的功耗计算

本节将介绍 SRAM 宏模块的功耗计算方法。我们将 SRAM 实例与 3.1.1 节所述的库一起使用，以计算功耗。图 4.6 给出了 SRAM 宏和 SRAM 宏引脚上的信号活动信息。

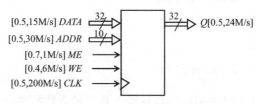

图 4.6 单端口存储器宏模块的引脚活动信息

活动信息为：

CLK 引脚（100 MHz）：

2 亿次/s（上升和下降）

地址引脚：

3000 万次/s（上升和下降）

静态概率：0.5

数据引脚：

1500 万次/s（上升和下降）

静态概率：0.5

存储使能（*ME*）：

100 万次/s（上升和下降）

静态概率：0.7

写使能（*WE*）：

600 万次/s（上升和下降）

静态概率：0.4

输出总线 *Q* 引脚：

2400 万次/s（上升和下降）

单地址引脚活动引发的内部功耗：

= 3000 万 * (0.124 + 0.124) / 2

= **3.72µW**

所有（10 个）地址引脚活动引发的内部功耗：

    = 3.72 * 10

    = **37.2μW**

单数据引脚活动引发的内部功耗：

    = 1500 万 * (0.153 + 0.153) / 2

    = **2.295μW**

所有（32 个）数据引脚活动引发的内部功耗：

    = 32 * 2.295

    = **73.44μW**

存储使能引脚活动引发的内部功耗：

    = 100 万 * 0.048

    = **0.048μW**

写使能引脚活动引发的内部功耗：

    = 600 万 * 17.08

    = **102.48μW**

对于时钟引脚导致的功耗，我们需要计算开关信息：

写（时钟上升沿以及高电平的存储使能与写使能）：

    = 时钟上升沿频率 * 存储使能静态概率 * 写使能静态概率

    = 10000 万 * 0.7 * 0.4

    = **2800 万次 /s**

读（时钟上升沿与高电平存储使能、低电平写使能）：

    = 10000 万 * 0.7 * 0.6

    = **4200 万次 /s**

非活动（时钟上升沿以及低电平存储使能）：

    = 10000 万 * 0.3

    = **3000 万次 /s**

根据上述情况，我们可以计算出每种情况对应的时钟功耗。值得注意的是，下降沿的时钟功耗可忽略不计。所以 3.1 节存储器宏模块的库将 CLK 引脚的下降沿描述为零功耗。因此，可以按照如下的方法计算各种情况下的功耗：

写：

```
= 2800万 * 42.4
= 1187.2μW
```

读：

```
= 4200万 * 43.9
= 1843.8μW
```

非活动：

```
= 3000万 * 0.93
= 27.9μW
```

时钟总功耗：

```
= 1187.2 + 1843.8 + 27.9
= 3058.9μW
```

用于输出信号切换导致的内部功耗：

每个输出引脚开关的内部功耗：

```
= 2400万 * (0.022 + 0.022) / 2
= 0.528μW
```

32 个输出引脚的开关功耗：

```
= 32 * 0.528
= 16.896μW
```

输出充电功耗是因输出引脚上的负载电容切换造成的。

每个输出引脚的输出充电功耗：

```
= 0.5 * C * Vdd * Vdd * 翻转率
```

假设每个输出驱动一个 20fF 的电容负载，电源为 1.0V。

32 个输出引脚的总输出充电功耗：

　　= 32 * 0.5 * 20fF * 1 * 1 * 2400 万

　　= **7.68μW**

存储器宏的总动态功耗：

　　= 37.2 + 73.44 + 0.048 + 102.48 + 3058.9 + 16.896 + 7.68

　　= **3296.644μW**

这说明，在实际情况下，一个存储器宏的动态功耗主要由读写功耗组成。

4.3　在模块或芯片级指定活动性

本节将阐明在模块级或整个芯片级别上开关活动性的各种指定方法。

4.3.1　默认全局活动性或非矢量

这种方法通常用在设计初始阶段的块中，或者在设计者没有任何详细信息的情况下使用。在这种方法中，设计者为所有信号提供了活动比例的估计。根据时钟频率和估计的活动比例（例如 20% 或 30%），获得所有信号的翻转率。静态概率可以人为设置，或者在大多数情况下，我们将其设置为默认值 0.5。静态概率和翻转率共同构成了用于功耗分析的开关活动信息。

4.3.2　通过输入传播活动性

我们通常将其视为基础的方法，但在某些情况下它的结果可能可用度不高。在这个方法中，时钟网络以 SDC 中指定的频率进行开关。当时钟信号到达一个时序元件时，时序元件的输出得到一个翻转率，该翻转率取决于为该时钟指定的活动比例。有多个时钟的触发器的翻转率与最快时钟的翻转率保持一致。

没有时钟相位的网络[⊖]的活动性被视为零，除非已经预先为所有网络指定了默认活动度。通常功耗分析工具会提供一种通过静态概率与翻转率来标注一个网络的程序。

─────────────

　　⊖　没有开关活动的网络。

当通过组合逻辑单元传播活动性时，基于单元输入的开关活动性，我们可以根据单元的功能来获得单元输出的开关活动性。这可以通过使用基于周期的随机模拟等统计方法来实现，也可以简单地使用输入翻转率之和作为输出的翻转率。

对于一个 D 型触发器，如图 4.7 所示，Q 点的翻转率最多是时钟 $CLOCK$ 翻转率的一半。

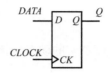

图 4.7　Q 处的翻转率最多为 $CLOCK$ 翻转率的一半

组合逻辑单元输出的静态概率是根据输入引脚的静态概率值计算的。图 4.8 显示了如何计算两输入逻辑单元的输出引脚的静态概率。输出引脚的静态概率 Pz 是两个输入引脚的静态概率值 Pa 和 Pb 的简单函数。

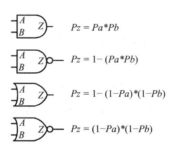

图 4.8　计算逻辑门输出的静态概率

对于组合逻辑单元，静态概率值只影响泄漏功耗的计算。这些值不影响内部和输出电容充电的功耗，这是由翻转率或开关活动性所决定的。

在 RTL 描述中，可以在所有宏的主输入和输出上指定默认的全局活动性（因为这些宏在综合过程中不会改变）。在这之后，活动性可以从这些点开始传播。

4.3.3　VCD

VCD（Value Change Dump，值更改转储）是逻辑仿真的 ASCII 输出储存文件。用户可以从逻辑仿真工具中选择需要转储的信号列表（和时间跨度）。

VCD 输出能够非常精确地表示设计中的逻辑活动。然而，为仿真创建一个有代表性的输入矢量集（又称测试平台）是非常耗时的。一般来说，用于功能验证的矢量集对于块中的功耗来说是不具代表性的。如果设计者能够创建一个在功耗方面具有代表性的输入向量集，那么 VCD 的输出就能准确地表示内部活动。

图 4.9 给出了一个仿真片段的 VCD 样本。这个片段的 VCD 只显示了一个包含大量节点的设计中的部分节点。$var 语句为设计中的信号名称定义了助记符，其值将被转储。#<number> 指定了转储数值的时间戳。在两个这样的时间戳之间，信号值会以助记符的形式逐一地列出；这些符号的形式是 <value><mnemonic symbol>。

```
$date                              $dumpvars
Fri Sep 27 16:23:58 1996           1#
$end                               0$
$version                           b1 !
Verilog HDL Simulator 1.0          b10 "
$end                               b101 +
$timescale                         1(
100ps                              0'
$end                               1&
$scope module Test $end            1)
$var parameter 32 ! ON_DELAY       0*
$end                               $end
$var parameter 32 " OFF_DELAY      #10
$end                               0#
$var reg 1 # Clock $end            0)
$var reg 1 $ UpDn $end             #30
$var wire 1 % Cnt_Out [0] $end     1#
$var wire 1 & Cnt_Out [1] $end     1)
$var wire 1 ' Cnt_Out [2] $end     b100 +
$var wire 1 ( Cnt_Out [3] $end     b101 +
$scope module C1 $end              #40
$var wire 1 ) Clk $end             0#
$var wire 1 * Up_Down $end         0)
$var reg 4 + Count [0:3] $end      #60
$var wire 1 ) Clk $end             0#
$var wire 1 * Up_Down $end         1#
$upscope $end                      1)
$upscope $end                      b100 +
$enddefinitions $end               b101 +
#0                                 #70
(continued next column)            0#
                                   . . .
```

图 4.9　VCD 实例

VCD 格式的一个缺点是一个完整设计的输出文件可能非常大。为了降低 VCD 输出的复杂性，可以选择只在特定时间或只对特定向量集进行转储。关于 VCD 的更完整的介绍见参考文献 [BHA06]。

在用于功耗分析时，VCD 输出通常被处理为一个紧凑的表示形式，如开关行为内部交换格式（Switching Activity Interchange Format，SAIF），该格式在每个网络的基础上捕捉开关活动。VCD 到 SAIF 的转换可以针对所有网络或任意一组网络（例如分层结构内的网络）。

在下一节中，我们将阐述 SAIF 被用于详细的功耗分析的具体实现方式。

4.3.4　SAIF

SAIF 是一种 ASCII 格式，用于存储设计的开关活动。它是 IEEE 标准 1801 的一部分，用于低功耗集成电路的设计和验证。

下面是一个具有代表性的块 SAIF 文件片段。

```
(VERSION "1.0")
(DIVIDER / )
(TIMESCALE 1 ns)
(DURATION 8630.00)
(INSTANCE tb
  (INSTANCE dut
    (NET
      (clk
        (T0 4315) (T1 4315) (TX 0) (TC 6904) (IG 0)
      )
      (int6
        (T0 4457) (T1 4173) (TX 0) (TC 874) (IG 0)
      )
      (int8
        (T0 3978) (T1 4652) (TX 0) (TC 761) (IG 0)
      )
    )
  )
)
```

SAIF 文件中的大部分内容都是不言自明的。下面是 SAIF 文件中的一些关键字的定义。

1）*T0*：网络处于逻辑 0 时的总时间长度。

2）*T1*：网络处于逻辑 1 时的总时间长度。

3）*TX*：网络处于逻辑 X 时的总时间长度。

4）*TZ*：网络浮空（没有驱动）的总时间长度。

5）*TB*：网络处于总线竞争状态（同时存在两个或更多的驱动）的总时间长度。

6）*TC*：翻转总次数或上升和下降切换总次数。

7）*TG*：传输抖动的数量，或者 0-1-0 和 1-0-1 抖动的数量（在门的输出达到稳态之前的额外开关）。

8）*IG*：惯性抖动的数量，或者 0-x-0 和 1-x-1 抖动的数量（可以被滤除的信号开关）。

9）*IK*：惯性抖动减弱系数。

时序属性是 *T0*、*T1*、*TX*、*TZ* 和 *TB*。开关属性是 *TC*、*TG*、*IG* 和 *IK*。

功耗分析工具使用 SAIF 中的时序和开关属性来获得设计中每个信号的开关信息（静态概率和翻转率，如 4.1 节所述）。静态概率对应于 *T1*（网络处于 1 的时间）与 *DURATION* 的比率，*DURATION* 是 SAIF 中包含的总仿真时间。同样，翻转率是 *TC*（开关次数）与 *DURATION*（SAIF 中包含的总仿真时间）的比率。

4.3.4.1　依赖状态以及依赖路径的属性

状态相关的时序属性可以用来表示开关发生的条件。以下是一个实例：

```
(COND (!A * !B)      (T1 15)      (T0 7)
 COND (!A * B)       (T1 10)      (T0 12)
 COND_DEFAULT        (T1 5)       (T0 17))
```

这些条件决定了时序属性的优先级编码方式。后续的时序条件只有在相应的条件成立且所有先前的条件不成立的情况下才适用。在上面的例子中，当前面的条件都不适用时，COND_DEFAULT 适用。因此，在上面的例子中，网络在 30 个单位的时间内处于 1，在 36 个单位的时间内处于 0。开关属性也可以按照下面所述的状态相关方式进行描述。

状态相关的开关属性如下实例所示：

```
(COND WE (RISE) (TC 10)
 COND WE (FALL) (TC 9)
 COND RW (RISE) (TC 5)
 COND RW (FALL) (TC 6))
```

与依赖状态的定时属性类似，上述条件给定了开关属性的优先级编码规范。在 30 个总的开关次数中，15 个是上升切换，10 个发生在 WE 为 1 时，5 个发生在 WE 为 0 且 RW 为 1 时。

与路径相关的开关属性可以由下面的例子说明。

```
(IOPATH  CE (TC 20)
 IOPATH  ME RW (TC 15))
```

在这 35 次开关中，有 20 次是由于 CE 引脚的开关而引起的，有 15 次是由于 ME 或 RW 的开关而引起的。

SAIF 文件中的各种属性可以指定给设计的网络或端口。

4.3.4.2　前向或后向的 SAIF 规范

上面的例子对应于后向 SAIF。后向的 SAIF 文件由 HDL 仿真器生成，其中包含可以反标到功耗分析或其他优化工具中的开关信息。

前向 SAIF 文件包含关于后向 SAIF 文件格式的指令。如图 4.10 所示，前向 SAIF 文件由 HDL 仿真器读取，然后产生一个后向 SAIF 文件，其中包含与前向 SAIF 文件一致的数据。有两种前向 SAIF 文件：

1）库的前向 SAIF 文件：包含用于生成依赖状态和依赖路径的开关活动性的指令。
2）RTL 前向 SAIF 文件：包含用于从 RTL 描述的仿真中生成开关活动性的指令。

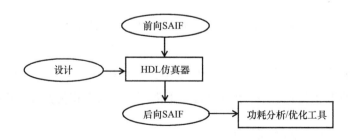

图 4.10　前向和后向 SAIF

　　完整的 SAIF 语法的介绍见附录 A。还有一种提供活动信息的格式，叫做"开关计数格式（Toggle Count Format，TCF）"。这是一种专有格式，但与 SAIF 文件中的信息非常相似。

4.4　芯片级功耗分析

4.4.1　选择 PVT 角

　　除了开关活动性，设计中的功耗随着用于分析的 PVT（工艺、电压和温度）条件而显著变化。

　　在数字设计中，功耗在以下 PVT 条件下是最高的：

　　1）工艺：快速——通常称为 FF（FastN、FastP），它指的是每个 MOS 器件（NMOS 或 PMOS）都处于制造工艺中的最快角落。在 FF 工艺中，开态电流和关态电流都很大。开态电流对应于动态电流，关态电流对应于泄漏电流。因此，FF 工艺条件下的动态功耗和泄漏功耗都很高。

　　2）电压：设计允许的最大电源电压。在许多情况下，这可能对应于标称电源电压值的 10% 以上。这指的是设计中使用的所有电源电压。一般来说，电源电压值是不相关的；但是实际上动态功耗和泄漏功耗都会随电源电压的增加而增加。

　　3）温度：设计允许的最大结温。在许多情况下，允许的最大温度为 125℃。泄漏功率随着温度呈超线性（几乎是指数）增长。在大多数数字设计中，动态功耗也会随着温度的升高而增加，尽管增加的幅度远小于泄漏功耗的增加幅度。

　　基于上述情况，使用上述 PVT 角进行的功耗分析将对应于 ASIC 的最差（或最大）功耗。设计者可能还想获得这种情况下的额定功耗，可以使用额定 PVT 库进行额外的功耗分析。

4.4.2　功耗分析

4.4.2.1　在设计的早期阶段进行估算

　　这指的是在设计非常早期的阶段使用简单的功耗估算表进行分析。在初始阶段，设计者可能只有与设计复杂性相关的高层设计信息。设计者可以使用高层设计信息来估计功耗，例如门数、工艺、存储器宏模块类型及其活动性、时钟频率、触发器数量等。结合列表中的各种 IO 接口，可以得到合理的功耗估算，以进行系统规划。

4.4.2.2 在不同实现阶段的分析

对于功耗分析，设计可以用线负载估计值或通过 SPEF 指定的实际 RC 寄生项进行标注。寄生项的标注与 SAIF 或 VCD 指定的开关活动性一起构成了详细功耗分析的基础。

很多时候，活动性文件并不能捕捉到设计中所有网络的开关活动性。在这种情况下，功耗分析通常是基于不带延时的仿真，将开关活动性传播到所有未注释的网络中。对于此类仿真而言，一个好的活动性文件应该包括以下组件的活动信息：

1）所有的黑盒；

2）所有输入；

3）所有触发器的输出。

活动性描述可以从 RTL 或预布局网表的仿真中获得。功耗分析工具通常需要在设计中定义时钟。值得注意的是，开关活动性是标记在网络而非引脚上。

以下是默认开关活动性的一些典型值。

1）常数网络：翻转率为 0，静态概率为 0 或 1。

2）时钟网络：直接遵循时钟定义。

3）缓冲器：缓冲器输入和输出的网络具有相同的开关活动性。

4）反相器：反相器输入和输出的网络具有相同的翻转率，但输出引脚的静态概率值是输入引脚值的补（两者之和为 1）。

5）触发器输出：Q 的翻转率通常与输入数据相同。Q 和 QN 的翻转率是相同的，但 Q 的静态概率是 QN 的补。

6）黑盒探针：通常使用整个系统的默认活动性和 0.5 的静态概率。

4.5 总结

这一章描述了为设计中的各种电路网络指定活动性信息的方法。我们可以根据电路网络的活动信息，计算设计中所有元素的泄漏功耗与动态功耗。本章提供了一些组合逻辑与时序单元以及存储器宏模块功耗的详细计算方法。

SAIF 是一个描述活动性信息的标准。如果 SAIF 中没有详细的活动性信息，设计者可以使用默认活动性信息来获得设计的功耗信息。

设计的功耗分析可以在布局前阶段、布局后阶段或设计实现的任何中间阶段进行。在分析环节中，关于电路物理实现的信息越多，功耗分析就越准确。

第 5 章

电源管理的设计意图

本章将介绍在进行低功耗设计时会涉及的各种电路特性，以及如何根据这些特性进行详细、具体的电路实现。

5.1 电源管理要求

总的来说，有几种类型的电源管理功能用于指示电源设计，这些特性的实例包括⊖：

1）设计中独立电源域的数量（哪些实例属于哪些电源域）；

2）不同部分的设计使用不同的电压供应；

3）电源的电压动态变化；

4）关闭模块；

5）状态保持；

6）电源域的开启和关闭顺序；

7）电源地线网络与端口；

8）用于管理电源域的单元；

9）电源模式和模式转换。

⊖ 大多数设计只会使用这些特性中的一部分。

5.2　电源域

电源域通常是指在相同（或公共）电源供应下运行的部分设计。在通用设计中，不同的模块可以在不同的电压下运行以实现功耗目标。如果两个模块的电源电压值不同，则需要电平移位器将数据从一个模块传输到另一个模块。类似地，在将数据从一个模块传输到另一个模块时，如果其中一个模块的电源存在被关闭的可能，则需要使用隔离单元。这可以确保即使在驱动块被关闭时，接收模块仍能获得有效⊖的信号。

什么是电源域？它表示具有一个公共电源的一组模块或逻辑电路。每组这样的模块或逻辑电路都与一个电源域相关联。

如图 5.1 所示，模块 *B0* 中的逻辑属于电源域 *PD0*，它连接到电源 *PS0*，可以假设它为 1.0V。模块 *B0* 包含三个其他模块和一个存储器 *MEM0*。模块 *B1* 属于电源域 *PD1*，其连接到电源 *PS1*，可以假设它是 0.9V、1.0V 或 1.1V。模块 *B2* 属于连接到电源 *PS2* 的电源域 *PD2*，假设为 1V，其可以关闭。*B3* 块属于电源域 *PD0*。但是，*B3* 包含属于电源域 *PD4* 的另一个块 *B4*，它连接到 1.1V 的电源 *PS4* 且可以关闭。存储器逻辑 *MEM0* 属于电源域 *PDM*，它连接到电源 *PSM*，假设为 0.95V。

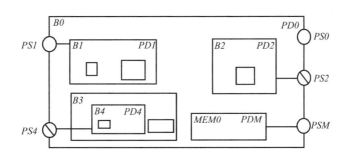

图 5.1　电源域和模块

如上例所示，电源域可以被关闭以节约功耗。在这种情况下，在穿越关闭域和开启域边界的信号上需要隔离单元，以确保不存在泄漏问题⊖。隔离单元可以确保有效信号（*VSS* 或 *VDD*）持续出现在接收模块的输入端。

⊖　有效的信号对于接收块意味着逻辑 0（*VSS*）或逻辑 1（*VDD*），而无效的信号则是无驱动的，可能处于浮空状态并可以是任意的中间电压值。

⊖　CMOS 单元的输入值不"接近"*VSS* 或 *VDD* 时会导致功耗增加。这是因为 CMOS 逻辑的上拉（NMOS）和下拉（PMOS）级可能会同时接通，从而产生很大的瞬间短路电流。

因此，电源域是一组具有通用电源特性的逻辑分区。一个电源域包含电源网络，并具有相同的断电或电源开关特性。电源域可以：

1）根据工作状态的不同在不同的电压下运行；

2）始终以单一电压运行；

3）在某些时候被完全关闭（以至于使对应模块的电源供应被关闭）；

4）以上功能的任意组合。

例如，一个设计可以具有三个电源域 *PDa*、*PDb* 和 *PDc*。其中，*PDa* 在 1.0V 下运行且可以关闭。*PDb* 在 1.1V、1.0V 或 0.9V 下运行，而 *PDc* 始终开启并且仅在 0.9V 下运行。

5.2.1 电源域状态

一个设计可以有多个电源域。每个电源域都可以在多种状态下运行，下面列出了实例。

1）电源域可以被关闭。

2）当不需要全速运行时，可以降低电源域的电压。

3）动态电压缩放（Dynamic Voltage Scaling, DVS）：电源域的电压根据特定条件动态调整。

例如，来自更快工艺批次的器件（即芯片）可以在降低的电压下实现目标性能。

4）动态频率缩放（Dynamic Frequency Scaling, DFS）：逻辑电路在电源域中的运行频率根据特定条件动态调整。

5）动态电压频率缩放（Dynamic Voltage and Frequency Scaling, DVFS）：指结合 DVS 和 DFS 的技术。

表 5.1 给出了图 5.1 中电源域实例的电源状态表。它显示了设计的各种工作模式，并针对每种工作模式定义了电源域的状态。

表 5.1 电源状态表

运行模式与状态	PS1	PS2	PS4
模式 1	0.9V	OFF	1.1V
模式 2	1.1V	1.0V	OFF
模式 3	1.0V	1.0V	1.1V

5.3　用于电源管理的特殊单元

为了处理多电源电压的低功耗设计，在实现中需要特殊的单元。这些单元用于满足多电源电压实现的特殊功能需求，其中一些模块可以选择断电。如下：

1）隔离单元；

2）电平移位器；

3）电源开关单元；

4）常开单元；

5）保持单元；

6）带电源和地（Power and Ground, PG）引脚的标准单元；

7）存储器和其他带 PG 引脚的 IP。

5.3.1　隔离单元

将关断电源域中的单元输出连接到有源电源域中的单元网络时需要隔离单元，以防止瞬间短路电流（crowbar current）⊖ 和杂散信号传播（spurious signal propagation）。隔离单元通常放置在关断电源域的输出端。隔离单元用于防止死逻辑驱动有源逻辑。例如，导通的电源域的输入端输入电压为 $VDD / 2$ 时会因瞬间短路电流而导致较大的功耗。隔离单元的目的是确保提供给导通电源域的输入具有有效的电平。

图 5.2 显示了在关断电源域和有源电源域之间的网络上插入的隔离单元。隔离单元可以将其输出钳位到逻辑 0 或逻辑 1。一个与型（and-type）隔离单元将其输出钳位为逻辑 0；当 *power_ctrl* 为逻辑 0 时，输出被强制置为逻辑 0。或型（or-type）隔离单元也存在，这些单元通常将其输出钳位到逻辑 1。值得注意的是，生成 *power_ctrl* 信号的逻辑应置于有源电源域中。

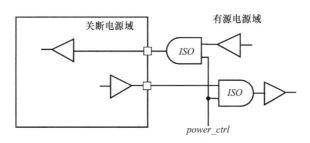

图 5.2　关断电源域需要的隔离单元

⊖　瞬间短路电流是由于互补 PMOS 和 NMOS 结构同时导通而产生的电流。

在全定制数字设计或使用非标准 CMOS 逻辑的情况下，关断电源域的输入端可能需要隔离单元。隔离单元的库文件描述摘录[⊖] 如下：

```
cell(A2ISO_X4) {
  is_isolation_cell : true ;
  pg_pin(VDD) {
    voltage_name : VDD ;
    pg_type : primary_power ;
  }
  pg_pin(VSS) {
    voltage_name : VSS ;
    pg_type : primary_ground ;
  }
  pin(A) {
    direction : input ;
    input_voltage : default ;
    related_ground_pin : VSS ;
    related_power_pin : VDD ;
    isolation_cell_data_pin : true ;
  }
  pin(EN) {
    direction : input ;
    input_voltage : default ;
    related_ground_pin : VSS ;
    related_power_pin : VDD ;
    isolation_cell_enable_pin : true ;
  }
  pin(Y) {
    direction : output ;
    function : "(A&EN)" ;
    output_voltage : default ;
    related_ground_pin : VSS ;
    related_power_pin : VDD ;
    power_down_function : "!VDD + VSS" ;
  }
}
```

单元级属性 *is_isolation_cell* 标识这是一个隔离单元。引脚级属性 *isolation_cell_enable_pin* 标识控制引脚，*isolation_cell_data_pin* 标识输入数据引脚。引脚级属性 *power_down_function* 指定输出引脚关闭的条件。这是一个与型隔离单元，基于为输出引脚 *Y* 指定的功能。当 *EN* 为 0 时，隔离单元的输出被钳位到 0。

⊖ Liberty 库文件。

5.3.2　电平移位器

电平移位器单元用于改变信号的电平。它可用于提高或降低信号的电平（见图 5.3）；连接两个具有不同电压的电源域网络时，通常需要在中间放置一个电平移位器单元。

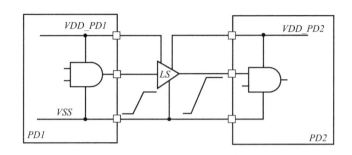

图 5.3　跨越电源域时使用的电平移位器单元（LS）

在不同电源域之间插入电平移位器有以下三个主要原因：

1）*VDD_PD1* 小于 *VDD_PD2*：在这种情况下，输入为逻辑 1（电压值 *VDD_PD1*）可能会导致功耗增加，这是 *PD2* 中输入 CMOS 单元中的瞬间短路电流导致的。这对于（*VDD_PD2 - VDD_PD1*）可以打开输入上拉期间的情况尤其关键。电平移位器确保提供给接收块的输入（具有电压 *VDD_PD2*）有效，即信号电压在 *VSS* 和 *VDD_PD2* 之间转换。

2）*VDD_PD1* 大于 *PD2* 域允许的栅氧化层可靠性水平：设计人员应验证较高值 *VDD_PD1* 是否在 *PD2* 域中使用的 MOS 晶体管的 MOS 栅极氧化层的可接受范围内。如果 *VDD_PD1* 的电压值高于 *PD2* 域中使用的 MOS 器件的允许电压水平，则必须使用电平移位器来防止 *PD2* 域中的输入 MOS 器件出现任何氧化层可靠性问题。

3）*VDD_PD1* 大于 *VDD_PD2*，但在氧化物可靠性方面仍然可以接受：在这种情况下，设计人员可能仍然使用电平移位器（降压电平移位器）以确保正确表征输入缓冲器时序。通常，标准单元的表征将使用与标准单元的供电电源相同的输入逻辑电平。因此，对于在 *VDD_PD2* 电源下运行的单元，时序表征（timing characterization）假定输入在 *VSS* 和 *VDD_PD2* 之间转换。电平移位器时序表征确保正确的输入电平 *VDD_PD1* 用于时序表征，为输入路径提供准确的时序分析。

多电压设计需要电平移位器来校正电平差异。电平移位器逻辑上可以被放置在任一电源域中。

图 5.4 展示了跨越电源域的网络 *N1* 和 *N2* 之间的电平移位器的可能摆放位置。跨越 *PD_TOP* 和 *PD_B* 域的网络 *N2* 不需要电平移位器，因为它们处于相同电压并且始终处于开启状态。这同样适用于网络 *N1*，即仅在网络从 *PD_A* 进入 *PD_TOP* 域时才需要电平移位器。电平移位器可以放置在模块内或其父电压域中。

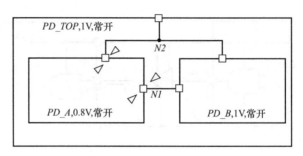

◁：电平位移器的可能摆放位置

图 5.4 电平移位器的可能摆放位置

以下是电平移位器库描述的相关摘录：

```
voltage_map (COREVDD1,1.0)
voltage_map (COREVDD2,0.8)
.....
cell (LVL_HL_X1) {
  is_level_shifter : true;
  level_shifter_type : HL;
  input_voltage_range (0.72, 1.1);
  output_voltage_range (0.72, 1.1);
  pg_pin (VDD) {
    pg_type : primary_power;
    voltage_name : COREVDD2;
    std_cell_main_rail : true;
  }
  pg_pin (VSS) {
    pg_type : primary_ground;
    voltage_name : COREGND1;
  }
pin(I) {
  direction : input;
  input_signal_level : COREVDD1;
  level_shifter_data_pin : true;
  related_ground_pin : VSS;
  related_power_pin : VDD;
}
```

```
  pin(Z) {
    direction : output;
    output_signal_level : COREVDD2;
    power_down_function : "!VDD + VSS";
    function : "I";
    related_ground_pin : VSS;
    related_power_pin : VDD;
  }
}
```

上面是一个高电平到低电平的电平移位器的例子。包含四个单元级属性：

1）*is_level_shifter*；

2）*level_shifter_type*；

3）*input_voltage_range*；

4）*output_voltage_range*。

单元级属性 *is_level_shifter* 将单元标识为电平移位器单元。*level_shifter_type* 属性可以取值 *LH*（从低到高）、*HL*（从高到低）或 *HL_LH*（表示从高到低和从低到高）。*input_voltage_range* 和 *output_voltage_range* 属性提供输入和输出的有效电压范围。

电平移位器还可以具有以下引脚级属性：

1）*std_cell_main_rail*；

2）*level_shifter_data_pin*；

3）*input_voltage_range*；

4）*output_voltage_range*；

5）*input_signal_level*；

6）*power_down_function*。

std_cell_main_rail 属性定义单元格中的主电源引脚。这用于确定电平移位器放置在电压边界的哪一侧。*level_shifter_data_pin* 属性指定单元的输入数据引脚。还可以为该引脚指定 *input_voltage_range* 和 *output_voltage_range* 属性。*input_signal_level* 属性定义了电平移位器单元的过驱动（overdrive）级别。*power_down_function* 属性指定输出引脚关闭的布尔条件。

实例中所示的电平移位器类型也称为缓冲器型（buffer-type）电平移位器。

5.3.3 使能电平移位器

使能电平移位器将隔离单元和电平移位器的功能组合在一个单元中。当放置在运行的电源域中时，这样的单元用于提供隔离和电平转换（见图 5.5）。具有多电压和关断区域的设计需要这些单元。

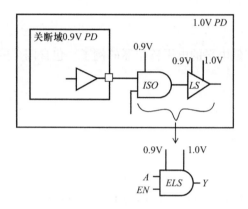

图 5.5 顶层电源域内的使能电平移位器

以下是使能电平移位器的库描述的相关代码节选。

```
cell(A2LVLD_X1) {
  is_level_shifter : true ;
  level_shifter_type : HL ;
  input_voltage_range(0.72, 1.1);
  output_voltage_range(0.72, 1.1);
  pg_pin(VDD) {
    voltage_name : VDD ;
    pg_type : primary_power ;
    std_cell_main_rail : true ;
  }
  pg_pin(VSS) {
    voltage_name : VSS ;
    pg_type : primary_ground ;
  }
  pin(A) {
    direction : input ;
    input_signal_level : VDDI ;
    input_voltage : vddin ;
    related_ground_pin : VSS ;
    level_shifter_data_pin : true ;
  }
```

```
pin(EN) {
  direction : input ;
  input_voltage : ls_enable ;
  related_ground_pin : VSS ;
  related_power_pin : VDD ;
  level_shifter_enable_pin : true ;
}
pin(Y) {
  direction : output ;
  function : "(A&EN)" ;
  output_voltage : default ;
  related_ground_pin : VSS ;
  related_power_pin : VDD ;
  power_down_function : "!VDD + VSS" ;
}
}
```

缓冲器型电平移位器的所有属性也适用于使能电平移位器。此单元格的附加属性是
level_shifter_enable_pin。这个引脚属性标识为使能引脚。当 *EN* 为 0 时，输出被钳位为 0。
同时，钳位为逻辑 1 的使能电平移位器也存在，这种实现通常基于或逻辑。

5.3.4　电源开关

电源开关单元提供了切断逻辑域电源的能力。一个典型的开关单元如图 5.6 所示。其
中，*VDDG* 为主电源，而 *VDD* 为开关电源（有时称为虚拟电源）。*NSLEEPIN* 信号控制电

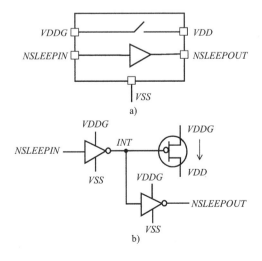

图 5.6　头部开关单元

源开关。可以提供延迟确认信号 *NSLEEPOUT*（仅为可选项）。在粗粒度[⊖] 的电源开关实现中，通常在每个要被关闭的模块中使用多个电源开关。

很多情况下，电源开关单元通常使用 HVt 单元。一般来说，开关单元应用于模块级。一个应用于 *VDD* 的开关单元通常被称作头部开关单元（header switch cell），或者可以被用在 *VSS*，称作脚部开关单元（footer switch cell）。下面是一个头部开关单元的库描述的相关代码节选。

```
cell(HEADBUF_X16) {
  dont_touch : true ;
  dont_use : true ;
  switch_cell_type : coarse_grain ;
  leakage_power() {
    related_pg_pin : "VDDG" ;
    value : "0.0245051892" ;
  }
  /* IV 曲线信息 */
  dc_current (ivt125x25) {
    related_switch_pin : INT ;
    related_pg_pin : VDDG ;
    related_internal_pg_pin : VDD ;
    index_1("0, 0.0081, 0.0162, 0.0243, 0.0324, \
        ...0.7776, 0.7857, 0.7938, 0.8019, 0.81");
    index_2("0, 0.162, 0.324, 0.486, 0.648, 0.6561, \
        ...0.7776, 0.7857, 0.7938, 0.8019, 0.81");
    values("2.71498, 2.43708, 2.135, 1.77218",\
      ...
      " 1.39179e-05, 9.75069e-06, 5.11841e-06, 0");
  }
  pg_pin(VDD) {
    voltage_name : VDD ;
    pg_type : internal_power ;
    direction : output ;
    switch_function : "!NSLEEPIN" ;
    pg_function : "VDDG" ;
  }
  pg_pin(VDDG) {
    voltage_name : VDDG ;
    pg_type : primary_power ;
```

⊖ 开关的粗粒度和细粒度分布见 6.7 节。本节还介绍了细粒度电源门控，开关可用于关闭单个单元。

```
    }
  pg_pin(VSS) {
    voltage_name : VSS ;
    pg_type : primary_ground ;
  }

  pin(INT) {
    direction : internal ;
    timing () {
    related_pin : "NSLEEPIN" ;
    timing_sense : negative_unate ;
    timing_type : combinational ;
    ....
    }
  }

  pin(NSLEEPIN) {
    direction : input ;
    input_voltage : header ;
    related_ground_pin : VSS ;
    related_power_pin : VDDG ;
    switch_pin : true ;
    always_on : true ;
  }
  user_function_class : HEAD ;
}
```

图 5.6 中的单元是一个头部开关单元，因为开关被放置在 *VDD* 电源上。当睡眠信号激活时（*NSLEEPIN* 处于逻辑 0 状态）开关打开，*VDD* 输出不再连接到主供电电源 *VDDG*。值得注意的是，标准单元的电源连接到 *VDD* 和 *VSS* 引脚；因此，头部开关单元将 *VDD* 用作开关电源，将 *VDDG* 用作常开电源。

开关单元被标记为不使用，这样综合工具会在综合的过程中忽略（不使用）这些单元。但开关单元具有不动（*dont_touch*）属性，如果设计中包含任何开关单元，这些单元不会被设计工具修改（优化掉）。*switch_cell_type* 属性标识这是一个粗粒度的电源开关单元，此属性不能接受任何其他值。*dc_current* 属性提供了流过开关的电流。该信息通常以控制信号上的电压值（*INT*）和开关电源引脚上的电压值（*VDD*）的二维表格形式提供。*dc_current* 属性可用于根据开关接通时的电源电流计算通过开关的压降。同时，*dc_current* 属性也可以用来计算开关关闭时通过开关的泄漏电流。*related_switch_pin* 属性指定控制 MOS 开关的内部控制信号。*related_pg_pin* 指定 *VDDG* 的电源（常开电源），同时 *related_internal_pg_pin* 属性将开关电源指定为 *VDD*（或虚拟电源）。

switch_function 引脚级属性指定开关关闭的条件。*pg_function* 属性指定引脚的功能，同时 *switch_pin* 属性标识出开关单元的控制引脚。*NSLEEPIN* 引脚用 *always_on* 属性标记，表示只有常开逻辑可以驱动这个引脚。

开关单元的另一种实现方式可以将开关放在 *VSS* 电源上；这些单元称为脚部开关单元（见图 5.7）。当脚部开关单元使用时，标准单元中的电源轨仍然连接到 *VDD* 和 *VSS* 引脚。在脚部开关单元中，当睡眠信号为激活状态（*SLEEPIN* 处于逻辑 1 状态）时，开关断开，*VSS* 输出不再接地。这是因为脚部开关单元具有可开关 *VSS* 的接地电源，而始终接通的接地电源为 *VSSG*。

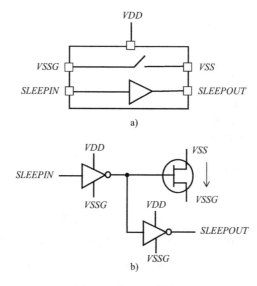

图 5.7 脚部开关单元

上面的例子是单输入头部或脚部的开关单元，因为只有一个控制输入头部开关单元的 *NSLEEPIN* 或脚部开关单元的 *SLEEPIN* 。 可选输出 *NSLEEPOUT*（或 *SLEEPOUT* ）是缓冲输出，可用开关单元链式连接（daisy-chaining）。其他开关单元可以有两个控制输入（*NSLEEPIN1*、*NSLEEPIN2* 或 *SLEEPIN1*、*SLEEPIN2*）和类似的两个控制输出。图 5.8 展示了一个这样的例子，这也被称为开关单元的母子设置（mother-daughter configuration）。*NSLEEPIN1* 首先被激活；这会导致开关单元的子开关（开阻较大的较弱开关）打开。随后，*NSLEEPIN2* 被打开，导致较强的母开关（具有较低的导通电阻）被激活。相反的情况通常发生在关断期间。这种设置的优点是可以将浪涌电流[○] 控制为两相电流。

○ 浪涌电流的详细描述见 7.6 节。

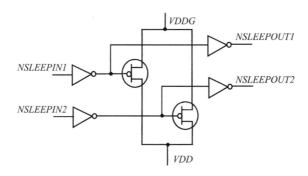

图 5.8　母子开关单元设置

5.3.5　常开单元

电源管理单元的控制信号需要一直处于激活状态，即使周围的逻辑被关闭。优化和综合这种具有常开电源的单元的控制信号被称为常开综合（always-on synthesis）。常开单元是一种特殊的单元，它从有源域获得电源，但被置于关断电源域。常开单元的设计使它们可以被放置在关断域。与不像那些由 VDD 和 VSS 轨供电的标准单元是可能被关断的，常开单元由有源电源域直接供电（使用真正的电源 VDDG/VSS 或 VDD/VSSG）。与开关电源（在前面章节中描述的）可以是头部或脚部一样，常开单元需要与用于电源域的开关单元保持一致。图 5.9 显示了一个头部常开缓冲器单元。

图 5.9　头部常开缓冲器单元

图 5.10 展示了一个脚部常开反相器单元。

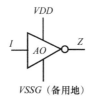

图 5.10　脚部常开反相器单元

以下是头部常开缓冲器单元库文件的简单摘录。

```
cell (AO_X1) {
  always_on : true;
  pg_pin (VDD)⊖ {
    pg_type : primary_power;
    voltage_name : COREVDD1;
  }
  pg_pin (VDDG) {

    pg_type : backup_power;
    voltage_name : COREVDD2;
  }
  pg_pin (VSS) {
    pg_type : primary_ground;
    voltage_name : COREGND1;
  }
  pin(I) {
    direction : input;
    related_ground_pin : VSS;
    related_power_pin : VDDG;
  }
  pin(Z) {
    direction : output;
    power_down_function : "!VDDG + VSS";
    function : "I";
    related_power_pin : VDDG;
    related_ground_pin : VSS;
  }
}
```

一个库也可以提供脚部常开缓冲器单元。类似地，库可以提供头部或脚部常开反相器单元。

常开单元可以被用在被关断的电源域，因为其中有些单元需要始终处于活动状态。例如使能引脚，控制电源开关的信号和保持单元。图 5.11 展示了一个实例，其中头部常开单元被用于将控制信号缓冲到一个在关断电源域中的保持触发器。

图 5.12 展示了另一个例子，其中信号需要穿越一个关断电源域到达另一侧。常开单元需要保持电路器件设计规则，如保持负载电容和压摆率，以及网络在穿过关断电源域的时候保持活跃状态。

⊖ VDD 引脚作为单元上的一个引脚存在，但通常不连接到单元内的任何东西。

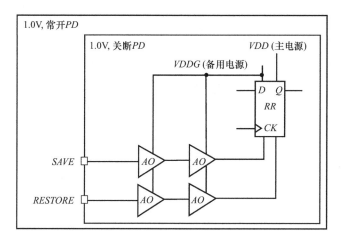

图 5.11　用于缓冲关断域中控制信号的常开单元

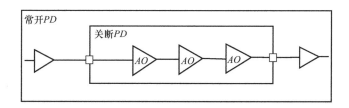

图 5.12　当网络通过关断域时，需要使用常开单元

在物理设计实现时，某些类型的单元被自动视为需要常开的单元。例子包括使能电平移位器、隔离单元的使能引脚，保留单元的保存与恢复引脚，以及开关单元的控制引脚。对于每个这样的引脚，其路径上的到常开区域的所有单元和网络被标记为常开。

5.3.6　保持单元

保持单元可以在主电源被关断的情况下，保留其内部的状态。保持单元是一个时序单元（sequential cell），且其通常有两种类型：保持触发器和保持锁存器。保持单元由一个常规触发器（或锁存器）和一个附加的保持锁存器（save-latch）组成，保持锁存器在主电源关断时保持状态，并在主电源恢复时恢复状态。图 5.13 为保持触发器的实现实例。保持锁存器通常使用 HVt 晶体管，因此在待机模式下的泄漏很低。在睡眠模式下，Q 数据被传输到保持锁存器，触发器的主电源被关断。这有助于在待机模式下节省触发器的功耗。当恢复信号到达时，保持锁存器中的数据被传回触发器。

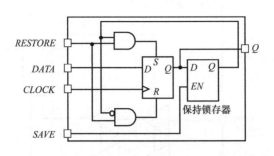

图 5.13   保持触发器的实现

　　如果需要保留某些被关断逻辑的状态，则使用保持单元。保持单元对于想要在关机后恢复状态的电路设计是有用的。保持单元有一个主电源和一个备用电源（备用电源保持常开状态）。

　　图 5.14 为放置在主电源是 1.0 V 的关断域中的保持触发器的实例。保持触发器有一个用于连接备用电源的 VDDG 电源引脚，即使主电源 VDD 被关断，备用电源仍能保持接通。值得注意的是，在保持模式下，可以降低备用电源电压以节省功耗。备用电源可以在低于标称电源电压下工作，假设为 0.6V。VDD 为 1.0V，在关机时被关断。值得注意的是，要连接这个保持触发器的 SAVE 和 NRESTORE 引脚，必须使用常开单元（标记为 AO）；这样的常开单元被连接到 VDDG 并且没有被关断。SAVE 控制信号可以在保持锁存器中保存数据，NRESTORE 控制信号可以从保持锁存器中恢复数据。

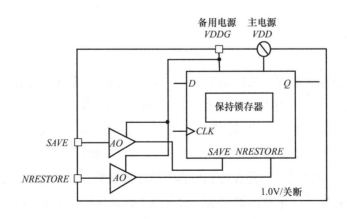

图 5.14   关断域中的保持触发器

下面是一个保持触发器库文件的摘录。

```
cell(DRFFQX0) {
  pg_pin(VDD) {
    voltage_name : VDD ;
    pg_type : primary_power ;
  }
  pg_pin(VDDG) {


    voltage_name : VDDG ;
    pg_type : backup_power ;
  }
  pg_pin(VSS) {
    voltage_name : VSS ;
    pg_type : primary_ground ;
  }
  ff(IQ,IQN) {
    clocked_on : "CK" ;
    next_state : "(D) (NRESTORE !SAVE)" ;
  }
  retention_cell : DRFF ;
  pin(Q) {
    direction : output ;
    function : "IQ" ;
    related_ground_pin : VSS ;
    related_power_pin : VDD ;
    power_down_function : "!VDD + !VDDG + VSS" ;
  }
  pin(NRESTORE) {
    direction : input ;
    related_ground_pin : VSS ;
    related_power_pin : VDDG
    retention_pin (restore, "1");
    always_on : true ;
  }
  pin(SAVE) {
    direction : input ;
    related_ground_pin : VSS ;
    related_power_pin : VDDG
    retention_pin (save, "0");
    always_on : true ;
  }
}
```

DRFFQX0 是一个保持触发器，当主电源 *VDD* 关断时，它仍能保持自己的状态。该模式下的保持单元的电源来自备用电源 *VDDG*。当 *SAVE* 输入为 0 时，触发器工作在正常模式。当 *SAVE* 输入为 1 时，触发器的状态在时钟边缘被保存到保持锁存器中。当 *NRE-STORE* 为 0 时，保存的状态在触发器的输出 *Q* 上恢复。通常情况下，*SAVE* 和 *NRESTORE* 同时处于活动状态是不允许的（*SAVE* 变为 1, *NRESTORE* 变为 0）。

单元级属性 *retention_cell* 用于指定保持单元的类型。引脚级属性 *retention_pin* 用于标识保留引脚，并指定它是保存、恢复还是保存恢复双效引脚。当 *retention_pin* 属性使用值 *save_restore*，则保持单元中只有一个引脚可以同时提供保存和恢复功能。

在保持锁存器中，有一个不同之处，即锁存器单元属性 *data_in* 的条件。

```
// 在一个普通的锁存器中：
data_in: D;
// 在一个保持锁存器中：
data_in: D & (SAVE & RESTORE);
```

保持单元也被称为状态保持电源门控（State Retention Power Gating，SRPG）单元。

5.3.7 时钟门控单元

什么是时钟门控单元呢？在如今的技术中，它是一个标准单元，具有一个可以干净地启动和停止的时钟。其基础的单元由一个锁存器和一个与门组成，如图 5.15 所示。

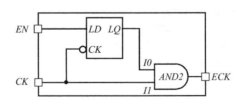

图 5.15 时钟门控单元

锁存器可以防止使能引脚 *EN* 上的任何毛刺传播到时钟门控的输出。当 *CK* 为 0 时，*EN* 的值传播到锁存器的输出，但由于 *I1* 为 0，在与门处被阻塞；当 *CK* 为 1 时，*EN* 的值被捕捉到锁存器中。如果 *EN* 是 1，此时 *CK* 通过与门进行传播；如果 *EN* 是 0，那么 *CK* 不会通过与门。图 5.16 显示了时钟门控单元的波形。

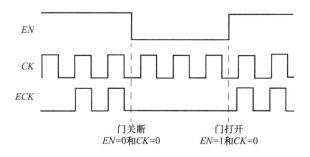

图 5.16 时钟门控单元波形

上面的时钟门控处理连接到上升沿触发的触发器的时钟（结果被锁存在下降沿上，因此上升沿可以正常传递）。类似的，存在着可以处理下降沿触发的触发器的时钟门控单元。图 5.17 为一个这样的时钟门控单元示例。在这种情况下，CKN 的上升沿获得 EN 的值，从而使下降沿可以干净地完成传播。

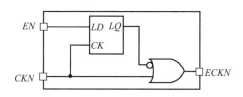

图 5.17 下降沿时钟门控单元

在旧的技术中，因为无法提供集成时钟门控（Integrated Clock Gating, ICG）单元，设计者会使用分立的逻辑门构建一个时钟门控单元。构建这样一个单元的缺点是，它需要对放置在芯片上的逻辑进行严格的限制；锁存器和门需要在物理上相互靠近。真正严格的要求是锁存器的输出需要只在与门（或者或门）输入端的时钟静止期发生变化。对于图 5.15 所示的上升沿时钟门控单元，图 5.18 展示了时钟到与门的延迟很大而导致的在栅极输出产生毛刺的波形。

新的技术在单元库中提供了集成的时钟门控单元。使用集成时钟门控单元的优点有：

1）锁存器和与门之间没有时钟偏移（clock skew）。

2）时序分析和时钟树综合可以处理时钟门控。

3）建立和保持时间在时钟门控单元的库文件中建模。

以上所有这些都使它易于使用。

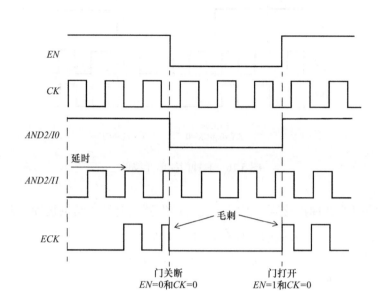

图 5.18 门控输出中出现毛刺

使用分立时钟门控的缺点是：

1）物理设计必须确保锁存器和与门之间有最小偏移。

2）锁存时钟引脚在时钟树综合时需要专门处理（其并非平衡点）。

3）设计时必须明确时钟门控单元的建立和保持时间检查。

4）它增加了流程的复杂性。

下面是图 5.19 所示的集成时钟门控单元的库文件的摘录。

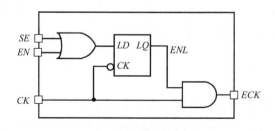

图 5.19 带预控制扫描使能功能的时钟门控单元

```
cell(CKICG_X4) {
  clock_gating_integrated_cell :
    "latch_posedge_precontrol" ;
  statetable("CK E SE", ENL) {
    table :    " L L L : - : L, \
               L L H : - : H, \
               L H L : - : H, \
               L H H : - : H, \
               H - - : - : N" ;
  }
  pin(CK) {
    clock : true ;
    clock_gate_clock_pin : true ;
    direction : input ;
  }
  pin(E) {
    clock_gate_enable_pin : true ;
    direction : input ;
  }
  pin(ECK) {
    clock_gate_out_pin : true ;
    direction : output ;
    state_function : "(CK&ENL)" ;
  }
  pin(ENL) {
    direction : internal ;
    internal_node : ENL ;
    inverted_output : false ;
  }

  pin(SE) {
    clock_gate_test_pin : true ;
    direction : input ;
  }
}
```

库文件中标识出时钟门控单元的属性是 *is_clock_gating_cell* 或 *clock_gating_integrated_cell*。上面库描述中的 *latch_posedge_precontrol* 的值指定了这个时钟门单元是一个上升沿时钟，并且测试信号 *SE* 在锁存器之前被接入（而不是锁存器之后，这种情况被称为事后控制）。内部引脚 *ENL* 表示锁存器的状态。

在单元中，*clock_gating_integrated_cell* 属性的值也可以是 *non_posedge* 或 *non_negedge*。这些值表示无锁存器的时钟门控单元（与图 5.15 和图 5.17 相同）。在这样的时钟门控单元中，严格的建立和保持时间要求被强制施加以确保时钟脉冲被正确控制，保证在输出端没有毛刺。图 5.20 显示了这样一个无锁存器的与型时钟门控单元实例（*clock_gating_integrated_cell* 的值为 *non_posedge*）。

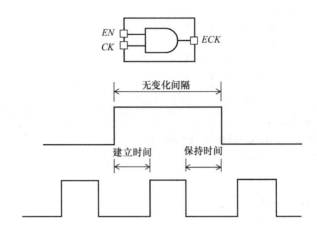

图 5.20　无锁存器的与型时钟门控单元

在使能引脚上定义无变化时序弧（no-change timing arc）。*EN* 上的建立时间要求根据时钟 *CK* 的上升沿定义，而保持时间要求是根据 *CK* 的下降沿指定的。无锁存器时钟门单元的优点是在减少锁存器后可节约能耗。

5.3.8　标准单元

标准单元库 *pg-pin* 应该准备就绪，也就是说，库描述应该包括 *VDD* 和 *VSS* 引脚的信息。下面是一个标准单元库文件的节选。

```
library . . . {
  . . .
  voltage_map (VDD, 1.0);
  voltage_map (VSS, 0.0);
  default_operating_conditions: name_of_oc;
  . . .
  cell(AND2_X0) {
    leakage_power() {
      related_pg_pin : "VDD" ;
      when : "!A&!B" ;
      value : "0.005" ;
    }
```

```
    pg_pin(VDD) {
      voltage_name : VDD ;
      pg_type : primary_power ;
    }
    pg_pin(VSS) {
      voltage_name : VSS ;
      pg_type : primary_ground ;
    }
    pin(A) {
      input_voltage : default ;
      related_ground_pin : VSS ;
      related_power_pin : VDD ;
    }
    pin(B) {
      input_voltage : default ;
      related_ground_pin : VSS ;
      related_power_pin : VDD ;
    }
    pin(Y) {
      output_voltage : default ;
      related_ground_pin : VSS ;
      related_power_pin : VDD ;
      power_down_function : "!VDD + VSS" ;
      internal_power () {
        related_pg_pin: VDD;
        . . .
      }
    }
  } /* 单元 */
} /* 库 */
```

库级属性 *voltage_map* 定义了电压名称与其电压值之间的映射关系。标准库属性 *default_operating_conditions* 定义了描述这个库的 PVT[○] 条件。*pg_pin* 组单元级属性用于描述单元的电源和接地引脚。*voltage_name* 属性指定了之前用 *voltage_map* 属性定义的电源和接地引脚的相关电压名称。*pg_type* 属性指定电源和接地引脚的类型。它可以有以下任意一个值：*primary_power*、*primary_ground*、*backup_power*、*backup_ground*、*internal_power*、*internal_ground*。*primary** 是真正的电源和地；*backup** 是与保持单元或常开单元相关联的电源和地，作为备用电源；*internal** 表示的是与开关单元输出相关联的电源和地。

引脚级属性 *related_power_pin* 和 *related_ground_pin* 用于将预定义的电源和地与相应的信号相关联。*power_down_function* 属性指定输出引脚关闭的条件。*related_pg_pin* 属性

○ 工艺、电压、温度。

（用于泄漏和内部功耗）将功耗数据关联到特定的电源引脚。

在多电压设计中使用的所有库文件都应该满足对 *pg-pin* 准备就绪的要求。

5.3.9   双轨存储器

一个电源友好型存储器可以带有一个电源门控单元，用来关断主电源和 / 或为存储器内核和存储器外围逻辑分别提供独立的电源供应（见图 5.21）。

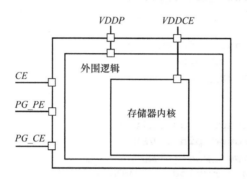

图 5.21   电源友好型存储器

当电源门控使能 *PG_PE* 打开时，外围逻辑的电源被关断。当保持模式使能 *PG_CE* 打开的同时且 *PG_PE* 关断，存储器核心阵列会应用一个衬底偏置来减少漏电。这样，存储器内容就被保留了。在关断模式下，外围逻辑和存储核心阵列被关断，存储器内容丢失。这样的存储器可以具有表 5.2 所示的电源模式。

通常需要一个供电流程来将存储器从运行模式转换为保持模式，然后再回到运行模式。例如，它可能需要从运行模式到待机模式，再到过渡模式，再到保持模式。要回到运行模式，可能需要从保留模式到过渡模式再到待机模式再到运行模式。

表 5.2   电源模式表

模式	CE	PG_PE	PG_CE
待机模式	0	0	0
电源模式切换	0	1	0
数据保留	0	0	1
断电	0	1	1
普通运行模式	1	0	0

5.4　总结

本章概述了电源管理的具体要求中所需要的不同类型的单元。具体来说，它描述了需要不同类型单元的不同场景。

对于关闭时钟，需要时钟门控单元。

在多电压设计中，需要电平移位器。

对于具有无状态保留的关闭域的设计，需要隔离单元和电源开关。

在具有多电压域和无状态保持的关断域的设计中，需要电平移位器、隔离单元和电源开关。

在具有多电压域和需要状态保持的关闭域的设计中，需要电平移位器、隔离单元、电源开关、保持寄存器和常开单元。

第6章

低功耗的架构技术

本章将介绍实现低功耗设计的架构技术。有许多算法和技术可供设计者使用，而本章仅提供这些技术的部分样本。此外，还有许多技术在不断发展，其中有些是针对特定的设计风格的。本章可以看作是当前设计实践的一些样本。

6.1 总体目标

为了优化设计，了解与系统相关的各个方面以及与功耗相关的总体目标和约束是很重要的。设计者可能会考虑的一个问题是，目标是最小化功耗还是最小化完成计算所需的总能量。或者，目标是在特定功耗约束下实现最高性能吗？如果最小化功耗，目标是最小化平均功耗还是最小化峰值功耗。理解目标和权衡使设计者能够采用正确的实现方法。

1）减少总功耗或能量。使用给定数据计算的两个实现（A 和 B）为例。实现 A 需要 20 个时钟周期，功耗为 100mW，而实现 B 只需要 5 个时钟周期，功耗为 200mW。虽然 A 实现的功耗要求比 B 低，但设计者可以构建一个在计算完成后关闭设计的解决方案。在这样的场景下，B 实现的能量需求更低（5 个时钟周期的 200mW 功耗对比 20 个时钟周期的 100mW 功耗）。这表明，虽然实现 B 的功耗是实现 A 的 2 倍，但实现 B 的总能量仅为实现 A 的一半或 50%（见图 6.1）。这两种实现都可能被选择，根据总体目标是尽量减少功耗（选择 A）还是尽量减少总能量（选择 B）。尽量减少功耗对于电池供电的应用非常重要，因为电池寿命是一个关键因素。这个选择中的另一个关键因素是完成计算的允许时间——系统是否能为了更低功耗的实现而等待 20 个时钟周期？

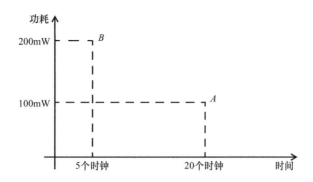

图 6.1　不同的实现可能会最小化功耗或总能量

2）降低峰值功耗或平均功耗。最小化平均功耗的要求本质上和最小化所需的总能量是一样的。降低峰值功耗的要求可能由于以下因素：

① 封装 / 系统 /IP 散热方面的考虑。设备的工作温度不应超过允许的极限。这个检查应该涉及包括 IP 在内的所有宏模块（macro），因为一些 IP 宏的工作温度可能有限制。

② IR 电压降的限制。确保工作电压保持在允许的范围内。

3）降低运行模式功耗或待机功耗。如果设备在待机模式下长时间运行，待机模式下的功耗占主导地位。在这种情况下，尽量减少待机功耗可能是电路实现的关键目标。然而，如果是在几乎连续运行的模式下，例如在由主电源供电的设备中，运行功耗将会是优化的目标。

6.1.1　影响功耗的参数

要了解如何降低功耗（或能量），我们需要首先了解控制 ASIC 中功耗大小的参数。

动态功耗是线网电容、电源电压和开关频率的函数。因此，为了降低动态功耗，我们需要能够降低线网电容的技术，允许设计在较低的电压下运行，并允许电路在较低的频率下运行。已有的技术试图实现这些目标中的一个或多个，以降低动态功耗，同时仍然达到可接受的性能。其中一些技术涉及逻辑重构、尺寸调整、降低电源电压、多电源、时钟门控、动态电压频率缩放、面积缩小和门级逻辑优化。

静态功耗与供电电压以及设计中使用的单元和宏模块有关，单元和宏模块的影响因素包括单元强度、单元数量，以及是否使用 SVt、LVt 或 HVt 单元。因此，为了降低静态功耗，设计者可以降低电源电压，减少设计中的单元数或在设计中使用更高 Vt 的单元。为了实现这一点，可以采用多 Vt、多 Vdd 和电源门控等一些技术。

如上所述，一个设计会根据应用需要，在最小化总功耗或总能量中选择一个作为目标。例如，一个电池供电的设备可能需要同时最小化动态和静态功耗。然而，当试图优化设计的面积、速度和功耗时，不同的目标之间需要进行权衡。仅针对面积进行优化可能无法实现速度目标，仅针对功耗进行优化也可能无法实现速度目标，针对速度进行优化可能无法实现目标功耗要求，等等。

6.2 动态频率

控制频率可以直接影响 ASIC 的功耗。在功能方面，设计者可能希望以尽可能高的速度运行芯片。然而，更高的速度通常意味着更高的功耗。对于功耗敏感的设计，设计者会进行速度与功耗的权衡，并选择符合功耗约束的设计频率。

在空闲模式下，可以通过降低 ASIC 的时钟频率来达到节约功耗的目的。例如，全速运行时，ASIC 可能有 3 个时钟频率为 10MHz、100MHz 和 500MHz。在空闲模式下，时钟可以切换到较低的频率，如 10kHz、100kHz 和 500kHz，使设备在空闲模式下有明显的功耗降低。当然，在可行的情况下，最好完全关闭空闲模式下的时钟。

以图 6.2 所示为例。在空闲模式下，200MHz 和 300MHz 时钟使用时钟门控关闭（见 6.6 节），而 10MHz、100MHz 和 500MHz 时钟域的频率则选择降低频率。

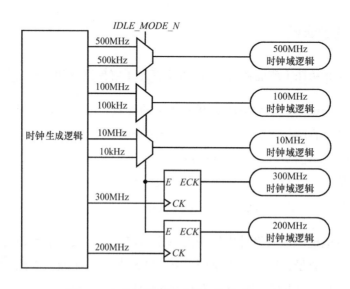

图 6.2 在空闲模式下降低频率或关闭时钟

6.3　动态电压缩放

通常，ASIC 的设计是为了满足器件在各种工艺和工作条件下的目标速度。因此，设计者需要确保最慢的部分可以在器件所用的最低电源电压下满足目标频率要求（在规定的整个温度范围内）。一般来说，最慢的部分随着温度的升高会有更好的表现[一]。因此，当电压或温度高于可能的最小值时，最慢部分的性能将超过目标频率。对于典型部分或快速部分（不是来自最慢的晶圆部件），在所有条件下性能都将优于目标频率。同样，随着温度的升高，最低电压条件下工作的最慢部分性能也会优于目标频率。

与上文所述的普通 ASIC 不同，动态电压缩放（Dynamic Voltage Scaling，DVS）技术可以动态调整电源电压。在这种技术中，芯片的电压是动态调整的，以满足所要求的功耗或性能。

片上监控器可以向片上或片外电压调节器提供反馈，用于动态改变芯片电压。图 6.3 显示了电压调节器在芯片外部的场景。

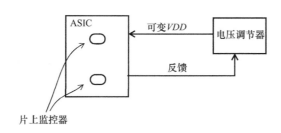

图 6.3　片外电压调节器控制芯片电源

芯片上放置了一个速度监控器，用来检测特定的运行条件下设备可达到的速度。速度监控器可以是一个简单的结构，比如环形振荡器。环形振荡器的振荡频率取决于 ASIC 的工艺条件[二]以及电源电压和温度。通过使用速度监控器，自适应地调节 ASIC 的电源电压，使其满足目标速度要求。图 6.4 显示了在 45nm 工艺技术条件下的几个样品，速度随电源的变化实例。横轴为电源电压，纵轴为不同工艺条件下可达到的相对频率。标称电源电压为1.1V，相对频率则是相对于最慢工艺及最低电压（低于标称电压 10%）的工况进行了归一化。这种技术也被称为自适应电压缩放（Adaptive Voltage Scaling，AVS）。

　⊖　这里假设温度反转，因此慢工艺条件的延迟随着温度的降低而增加。

　⊜　例如，设备是否对应慢工艺，快工艺（或介于两者之间的任何条件）。

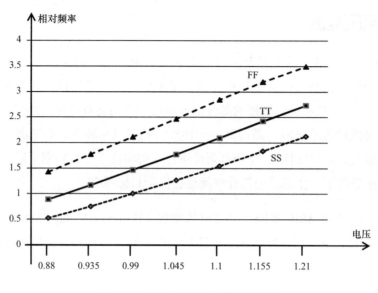

图 6.4 不同工艺条件下的电压缩放

6.4 动态电压和频率缩放

模块可以使用动态电压和频率缩放（Dynamic Voltage and Frequency Scaling，DVFS）技术，动态适应不同的电压和频率。根据性能要求，模块可以使用查找表或片上监控器来调整电压和频率。模块通过降低速度或者降低频率，可以在更低的电压下工作，从而产生更低的功耗。或者，使用更高的工作电压产生更高的功耗，同时提高性能。值得注意的是，功耗是电压二次方的函数。因此，降低电压对功耗有重要的影响。

一个设计通常会有多种功能模式——高速模式和较低性能模式。在未以全性能运行期间，设计可以通过降低电源电压来节省功耗，这也会导致性能的降低。

使用这种方法的关键是能实现节省功耗的目的，尽管在架构设计、验证和实现方面都很昂贵。这种方法对面积和时序的影响很小。

6.5 降低电源电压

由于功耗与电压的二次方成正比，令不同模块工作在不同电压下是很有好处的。如第5 章所述，设计的不同部分可以在不同的电源域下工作。没有高性能要求的模块可以在较低的电压下运行，而需要高性能工作的模块可以在较高的电压下运行。模块的电压可能是静态的，不需要动态变化。

当然，一个模块可以设计为在不需要工作的时候完全关断（VDD 被关断），这也可以节省大量的能量。

6.6　结构级时钟门控

结构级时钟门控指的是在结构层面上添加时钟门控的技术，用于关闭设计中的主要部分的时钟。这种时钟门控由设计者显式地实例化——而不是由实现工具自动产生——而且这种时钟门控的使能信号通常是静态的（见图 6.5）。

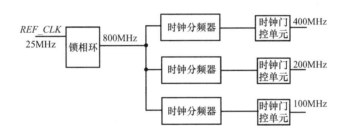

图 6.5　时钟阈中的时钟门控

结构级时钟门控也可以应用于电路模块上，设计中的每个模块都有一个时钟门控，可用于在不需要时关闭该模块的时钟（见图 6.6）。时钟门控也可以是层级式结构，顶层的时钟门控可以控制多个模块，而模块内部的时钟门控只控制模块内的逻辑。此外，还可以设计额外的时钟门控，用于关闭模块内的某些功能。通常，结构级时钟门控对延时没有任何影响，是有效节省功耗的方法之一。然而，结构级时钟门控可能会使时钟树综合变得复杂，在时钟树综合过程中需要小心地处理，否则可能会导致较大的时钟偏移。当然，设计者需要对设计有深入的了解，才能确定这种时钟门控需要放置在哪里才能最大程度地节省功耗。

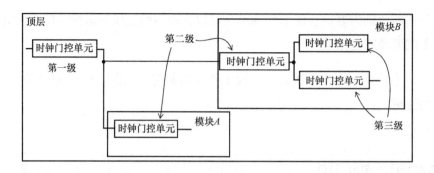

图 6.6　多级时钟门控

结构级时钟门控有时也称为粗粒度时钟门控。细粒度时钟门控则是指下一章所述的时钟门控的自动推断技术。

6.7　电源门控

在这种技术中，设计者可以关断不工作的模块的电源。如 5.3 节所述，可以使用头部单元断开 *VDD*，也可以使用脚部单元断开 *VSS*。两种方式（使用头部或脚部开关）都具有相同的效果——模块的电源被控制信号关断。如图 5.6 和图 5.7 所示，*NSLEEPIN*（或 *SLEEPIN*）信号控制着电源（或地）的通断。

系统设计者可以在使用高吞吐量处理器（例如一个在 2GHz 频率工作的处理器内核）和依赖多个低速处理器（例如三个处理器内核，各自工作在 1GHz）之间进行选择。这两种方法如图 6.7 所示。对于使用三个处理器内核的系统，激活所有三个处理器产生的吞吐量可能超过使用单个 2GHz 处理器内核。使用多个处理器内核的优势在于，当系统需求低于峰值时，可以关闭部分处理器。在不需要的时候关断处理器内核的电源可以节省功耗。

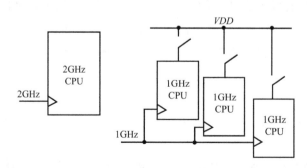

图 6.7　单处理器与多处理器

此外，由于处理器内核只需要以较低的速度运行（如 1GHz），因此对于固定技术节点的设计更容易。

当 ASIC 包含可以关断的模块和常开模块时，设计者在设计结构时需要考虑如下一些因素：

1）产生用于关断各种模块的控制信号的电路电源应该处于常开状态（一定不能关断）。这是为了确保用于关断的控制逻辑始终处于运行状态，不会在无意中关断。在 5.3 节中已经详细介绍了常开单元。

2）隔离单元应放置在可开关模块的输出处（有可能被关断），以便可以将有效的逻辑信号输出到工作区域（即使可开关模块被关断）。隔离单元在 5.3 节中也有详细的介绍。

6.7.1　状态保持

将关断域中的系统状态保存下来是可行的。系统状态指的是触发器的状态以及存储器模块的内容。保存系统状态可以令关断域重新工作时有更快的状态恢复速度。恢复保存的状态避免了上电后电路完全重新复位，从而减少了复位延迟和相应的功耗。

在需要时，状态保持可以遵循下面描述的任一场景得以实现：

1）通过外部电路保存系统状态。在模块断电之前，将系统状态保存在模块外部。系统的状态被读出并保存在外部电路中。当模块重新上电时，外部保存的状态被复制至系统中。外部保存状态可以使用外部存储器（或模块外部的存储器宏模块）实现。为了在关机期间将信息保存在存储器中，使用扫描链连接所有需要保存数据的触发器。在关机之前，数据可以转移到存储器中（见图 6.8）。上电后，数据可以通过扫描链从存储器移回触发器。注意，这意味着在系统断电之前需要有一个时间延迟（用于保存其状态），在系统上电后准备正常运行之前也需要有一个时间延迟（用于恢复状态）。

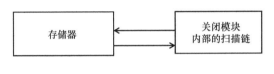

图 6.8　保存存储器状态

2）保持单元。保持单元可以实现状态保持，它可以是触发器类型或锁存器类型。这些单元是双电源单元，并连接到常开以及可开关电源。保持单元有一个额外的锁存器，称为保持锁存器，在关机时处于保存状态。图 6.9 给出了一个保持触发器。*VDDG* 的电源域是常开的，*VDD* 是可开关的电源域。在正常运行时，保持触发器的行为就像普通的触发器。当保存（*SAVE*）信号有效时，触发器的值存储在保持锁存器中。在复位（*RESTORE*）信号有效时，存储在锁存器中的值被恢复至触发器中。

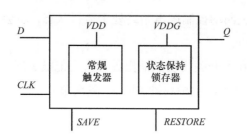

图 6.9 状态保持电源门控（SRPG）触发器

注意，保存和复位信号应该来自一个常开域。保持单元只能用于保存触发器或锁存器的状态；存储器内容仍然需要通过其他方法进行保存。

3）存储器保存状态。与双轨保持单元类似，使用双轨存储器可以在外围电源关断时保留存储器的内容。双轨存储器架构的例子见 5.3 节。

关断一个模块的电源可以最大限度地省电。然而，需要考虑关闭模块在架构层面（电源开关是片上还是片外）、验证层面（确保在块的电源关断时剩余的逻辑继续工作）和实现层面（确保隔离单元被适当插入和放置）上可能造成的影响。关闭一个模块对延时的影响微乎其微，除非关键路径经过模块的边界（在这种情况下，隔离单元会导致额外的延时）。

6.7.2 粗粒度和细粒度电源门控

本书的讨论主要集中在电源域，其内的逻辑具有一个公共电源，这种公共电源可以使用电源开关关断。这样的设置被称为粗粒度电源门控，因为电源开关单元控制模块和存储器宏模块的电源。这种设计的优点是，相对较少的开关单元（并联连接）可以控制大量的逻辑单元和存储器宏模块。换句话说，优点是电源开关面积开销相对较低。然而，缺点是即使在很多逻辑不需要工作时，设计者也必须保持整个电源域处于开启状态。

原则上，可以在每个单元（或少量单元）的电源上放置一个电源开关，细化控制逻辑。这样的设置被称为细粒度电源门控，它可以潜在地提供更大的功耗节省，因为设计者可以在不需要保持模块运行时关闭更小的逻辑部分。细粒度电源门控的主要缺点是有更多的电源开关数量和更复杂的电源控制，以及隔离逻辑会造成更大的面积开销。有了细粒度电源门控技术，就不再需要担心域开启时的浪涌电流的管理问题了。如果每个单元都可以用单元内包含的电源门控晶体管进行控制，那么与库特征中实际的时序相关性也会得到改善。

表 6.1 给出了粗粒度与细粒度电源门控的优缺点。

表 6.1 粗粒度与细粒度电源门控

	细粒度	粗粒度
面积开销	大	小
泄漏控制灵活性	高	中等
浪涌电流	小	大

大多数 ASIC 设计不使用细粒度电源门控。除非明确说明，本书中的电源门控描述默认为粗粒度电源门控。

6.8 多电压

设计中的不同模块可以根据特点工作在不同电源电压下。关键路径上的模块可以在较高的电压下工作，而非关键路径的模块可以在较低的电压下工作（见图 6.10）。在不同于其周围逻辑的电压下工作的模块也被称为电压孤岛（voltage island）。

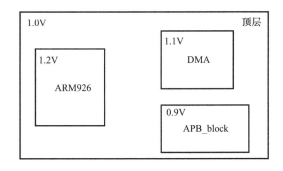

图 6.10 不同模块工作在不同的电压下

在这种技术中，任何从一个电源域传输到另一个电源域的信号都需要电平移位器。如5.3节所述，电平移位器单元将信号的电压从源电源域移到目标电源域。在新的技术中，电平移位器单元可以在标准单元库中提供。

图 6.11 展示了放置在模块的输入和输出处的电平移位器单元，该模块的工作电压比设计的其他部分高。通常，电平移位器有两个电源[⊖]，一个用于源电源域，一个用于目标电源域。高到低电平移位器用于将信号从高电压域转换到低电压域。当源电源域低于目标电源域时，则需要使用低到高电平移位器。

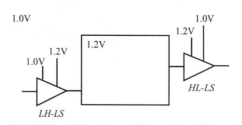

图 6.11　两个电源域之间需要电平移位器

如 5.3.2 节所述，电平移位器确保输入每个模块的信号具有有效的电平。这是为了确保时序分析可以正确计算延时，同时防止由于没有插入电平移位器产生的大泄漏电流，从而导致的可靠性问题。

设计者可以通过为不同的模块选择合适的电压来实现显著的功耗节省。然而，这需要在架构层面上进行大量的系统设计工作（包括如何选择各种电平，如何确保信号电平保持在指定的范围内）。在验证期间（确保具有不同电压的模块中的逻辑正确地相互传递）和在实现期间（确保插入适当的电平移位器）也需要额外的工作。

6.8.1　优化电平移位器

并不是所有从一个电源域连接到另一个电源域的连线都需要电平移位器，如图 6.12 所示。

⊖　高到低电平移位器可以只用一个电源（目标电源域）运行。

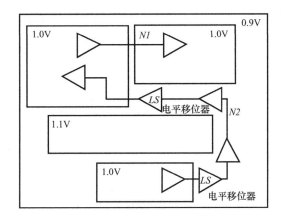

图 6.12 顶层连线上的电平移位器

连线 *N1* 的源和目标在两个不同的电源域中；然而这两个电源域具有相同的电压。在这种情况下，假设在 0.9V 的常开域不需要任何单元来改变电气设计规则，则连线 *N1* 不需要电平移位器。

即使源电源域和目标电源域的电压相同，连线 *N2* 也需要电平移位器。这是因为在从源域到目标域的传输过程中，为满足设计规则可能需要在 0.9V 的常开区域中使用缓冲器。

6.8.2 优化隔离单元

没有必要在进出可开关电源域的每个信号上都添加隔离单元，如图 6.13 所示。

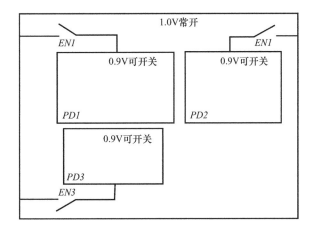

图 6.13 优化 *PD1* 和 *PD2* 之间的隔离单元

两个电源域 *PD1* 和 *PD2* 在布局上彼此相邻，两个域的电源开关控制信号都是 *EN1*。在这种情况下，任何从 *PD1* 传递到 *PD2* 或相反的网络都不需要隔离单元。然而，如果两个域的电源开关控制不同，则这两个电源域之间需要隔离单元。

如果 *PD3* 只有在 *PD1* 打开时才关闭，而 *PD1* 关闭时 *PD3* 不启动，这种情况会如何？在这种情况下，从 *PD1* 到 *PD3* 的电路网不需要隔离单元，但从 *PD3* 到 *PD1* 的电路网需要隔离单元。

如果 *PD1* 和 *PD3* 在布局中的位置相距较远，那么任何从 *PD1* 连接到 *PD3* 的电路网都可能需要缓冲器。在这种情况下，隔离单元是必需的，因为来自 *PD1* 的电路网在回到 *PD3* 之前要经过一个常开区域。

隔离单元可以基于电源状态表和上电顺序进行优化。例子如图 6.14 所示。

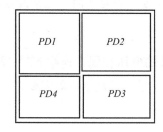

图 6.14　序列式关闭的电源域可以减少插入隔离单元

如果关闭的电源顺序始终是 *PD4*、*PD3*、*PD2*、*PD1*，那么只有从 *PD4* 到 *PD3*、*PD3* 到 *PD2*、*PD2* 到 *PD1* 的电路网才需要隔离。从 *PD1* 到 *PD2*、从 *PD2* 到 *PD3*、从 *PD3* 到 *PD4* 的电路网则不需要隔离单元。

6.9　优化存储器功耗

在前一章中，我们已经介绍了一些在非活动模式下节省存储器宏单元泄漏功耗的技术。在本节中，我们将介绍降低存储器宏动态功耗的方法。

6.9.1　对存储器访问进行分组

考虑两种不同的场景，其中单端口存储器宏单元在一半（或 50%）的时钟周期内被访问（有一个读或写操作）。在图 6.15 所示的场景中，操作的顺序如下。第一个时钟周期有一个写操作，然后是一个空闲时钟周期，空闲时钟周期之后是一个读操作，然后是另一个空闲周期。这种模式会不断重复。换句话说，使用存储器宏时突发长度[⊖] 为 1。

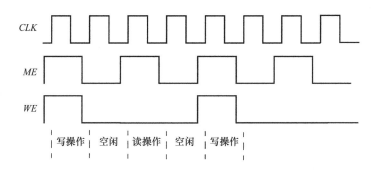

图 6.15　突发长度为 1 时的时钟、存储器使能和写使能信号

在图 6.16 所示的场景中，有两个连续的写操作，接着是两个连续的空闲周期，然后是两个连续的读操作，接着是两个连续的空闲周期，以此类推。也就是说，使用存储器宏的突发长度为 2。

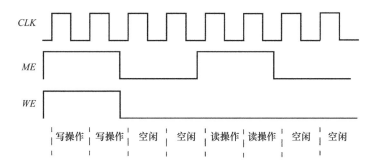

图 6.16　突发长度为 2 时的时钟，存储器使能和写使能信号

时钟活动对存储器宏单元功耗的贡献在上述两种情况下是相同的。在每个场景中，25% 的活动时钟边沿导致读操作，25% 的活动时钟边沿触发写操作，剩余 50% 的活动时钟边沿对应空闲周期（或无存储器访问）。然而，与前一种情况（见图 6.15）相比，后一种情况下 *ME* 和 *WE* 信号的活动要小 50%（见图 6.16）。*ME/WE* 信号上较低的活动导致存储器的总动态功耗较低。

⊖　这里的突发长度指的是连续访问存储器的时钟周期数。

假设存储器宏模块的平均活动性保持不变，增加存储器访问中的突发长度会降低平均动态功耗。值得注意的是，由于连续的读操作或写操作，较小时间间隔内的平均功耗可能确实更高。

6.9.2 避免使能引脚上的冗余活动

图 6.17 所示为双端口寄存器堆式的存储器宏单元的例子。这个存储器宏单元有一个读端口 A 和一个写端口 B。对存储器的写操作由两个控制信号——存储器使能信号 MEB 和写使能信号 WEB 控制。将这个存储器宏的 MEB 和 WEB 引脚连接到一个公共信号上控制写操作，如图中的场景 1 所示，会导致两个输入均处于活动状态，同时导致不必要的功耗。

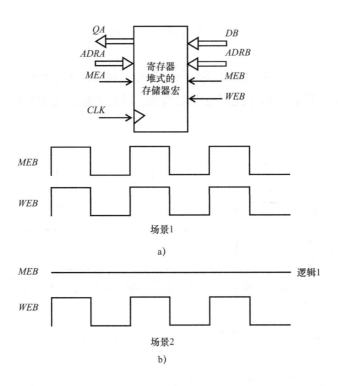

图 6.17 双端口寄存器堆式的存储器宏

不同的是，如果对于 MEB 使用静态信号，而仅使用 WEB 信号来控制写操作，则可以节省动态功耗。这如图 6.17 中的场景 2 所示。在某些情况下，特别是在使用小突发长度的场景中，可以显著节省存储器宏模块上的动态功耗。

6.10　操作数隔离

　　数据路径切换，例如在加法器和乘法器中，可能会极大地提高开关功耗。然而，在某些情况下，数据路径计算值可能没有被使用。在这些情况下，应该控制只有在必要时才进行计算，从而避免不必要的开关功耗。

　　如图 6.18 所示，如果 *SEL* 信号不活跃，则乘法器输出不会被使用——同时由于在乘法器中不必要的开关活动而产生的功耗可以被避免。设计者可以使用 *SEL* 信号对输入到乘法器的操作数进行门控，令这些输入在乘法器路径被选择时使能。

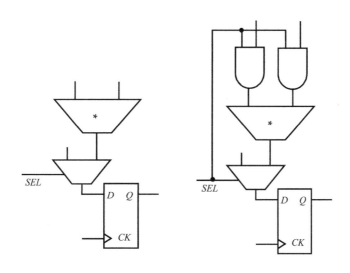

图 6.18　控制数据路径开关

　　这种技术一般可以应用于由多路选择器控制的任何复杂的组合数据路径，多路选择器的输出保存在触发器中。图 6.19 显示了一种情况，在两条不同数据路径后接一个多路选择器，而多路选择器输出会保存在触发器中。多路选择器可以用来禁用当前未被活跃使用的数据路径上的操作数。

　　这种方法的一个缺点是 *SEL* 信号必须更早地有效。为了能更早地门控输入，可以利用门控时钟将操作数的值保持在触发器中。

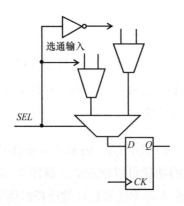

图 6.19 禁用非活动路径上的开关活动

6.11 设计的工作模式

设计可以在多种模式下运行，其中很多模式都可以省电。一个极端的选择是整个设计在最高温度下全速运行。这是功耗最糟糕的情况。设计者可以通过根据功能划分设计来节省功耗，比如只打开需要的功能，关闭其余功能。

功能逻辑的断电意味着该模块的电源被切断。如果不能断电，另一种节省功耗的方法是关闭时钟，这可以消除所有的活动，使动态功耗为零。或者，不需要的功能逻辑可以以更低的速度运行，从而使用更少的功耗。

设计也可以进入睡眠或休眠模式，例如，所有的时钟都被关闭，等待一个组合信号中断来唤醒设备。

在断开电源而使某些功能断电的情况下，可能需要完成逻辑保留，即保存某些触发器或存储器的状态。这增加了唤醒时间开销，因为需要将状态加载回来，因此在这种情况下，电路需要唤醒时间。

6.12 RTL 技术

本节主要关注最小化逻辑量和翻转次数。

6.12.1　最小化翻转次数

设计者应该编写 HDL 代码，使数据翻转次数最小化，特别是在总线上。例如，HDL
不应该一直在总线上放新值，除非接收逻辑已经准备好接收数据。下面是一个总线上不必
要的数据转换的例子，以及如何改进它来减少翻转次数。

```verilog
always @(posedge reset or negedge ahb_clk)
  if (reset)
    ahb_dbus <= 32b'0;
  else
    if (bus_ready)
      ahb_dbus <= read_dbus;
    else
      ahb_dbus <= 32b'0;
// 重写代码，使电路实现更少的翻转次数:
always @(posedge reset or negedge ahb_clk)
  if (reset)
    ahb_dbus <= 32b'0;
  else
    if (bus_ready)
      ahb_dbus <= read_dbus;
// 不需要将默认值放置在未准备好的总线上
```

6.12.2　资源共享

在非关键路径上开启资源共享功能，确保使用的逻辑最少。下面是一个资源共享可以
发挥作用的例子。

```verilog
always @(a or b or c or d or sel)
  if (sel)
    result = a * b;
  else
    result = c * d;
```

由于资源共享，只会产生一个乘法器实例，从而节省功耗。

6.12.3　其他

6.12.3.1　优化逻辑

将逻辑优化至满足时序要求的程度。回收尽可能多的区域。消除如具有常值的触发器等冗余逻辑。实现的逻辑越少，功耗就越小。

6.12.3.2　状态机编码

独热码和格雷码可以使得状态寄存器中的翻转次数比二进制编码更少。

6.12.3.3　计数器

避免出现自由运行的计数器。实现时尝试有一个开始和停止的要求，用于限定计数器。

6.13　总结

本章介绍了在 ASIC 的架构设计阶段可以使用的节能技术。各种考虑因素，如动态电压缩放、动态频率缩放、多电源域等都可用于低功耗设计。

结构级时钟门控和电源门控可以用于降低功耗。本章也介绍了诸如操作数隔离等技术以及最小化翻转次数的 HDL 编码指南。

第 7 章

低功耗实现技术

本章将介绍实现设计低功耗的技术和方法。这些实现技术在使用适当的低功耗架构的基础上，提供了额外的功耗节省。存在多种可用的技术，本章将提供一些实例，并对现有方法进行概述。

7.1 工艺节点与库的权衡

6.1 节介绍了影响选择适当低功耗工艺节点的整体系统层面权衡。一个权衡的例子是应该优化总运行功耗（包括显著的动态功耗）还是应该优化待机模式下的功耗（主要是泄漏功耗）。若想优化总运行功耗，可能会采用具有较低工作电压（例如 0.9V）的工艺节点，但会导致更高的泄漏功耗。另一方面，若想优化待机功耗，则可能会选择具有较高工作电压（例如 1.2V）且泄漏功耗低的低功耗工艺。被标记为低功耗的工艺节点往往意味着泄漏功耗很低。然而，低功耗节点通常需要更高的工作电压，从而增加了动态功耗。

上述仅为涉及权衡的一个例子。在试图优化设计的面积、速度和功耗时，存在着牺牲一个目标以换取另一个目标的权衡。仅为一个目标进行优化可能会导致结果质量较差。例如，仅仅为了提高速度而优化可能会导致设计的功耗变得难以接受。

总体目标——无论是峰值功耗还是平均功耗、运行功耗还是待机功耗——都是选择用于实现设计的工艺技术节点的关键标准。一旦选择了工艺技术节点和适当的库，本章所介绍的技术将被用于设计的低功耗实现。

7.2 库的选择

本节讨论多阈值电压（multi-Vt）和多沟道（multi-channel）单元。

7.2.1 多阈值电压单元

多阈值库包含具有不同阈值电压的 MOS 器件单元。标准单元库提供了多种类型的单元，每种类型都具有不同的功耗和速度特性，通常由单元中使用的晶体管的阈值电压（Vt）决定。例如，一个库可能包含高阈值电压（HVt）、标准阈值电压$^{\ominus}$（SVt）和低阈值电压（LVt）三种类型的单元。HVt 单元具有更高的阈值电压，较低的泄漏电流和动态功耗，以及较大的延迟。LVt 单元具有较低的阈值电压，较高的泄漏电流和动态功耗，以及较小的延迟。SVt 单元的相应特性位于中间。

请参考表 7.1 中的数据，该表展示了一个具有三种不同阈值电压等级的典型多阈值库的情况。虽然阈值电压等级 1 具有最低的阈值电压，提供了最快的性能，但却以最高的泄漏电流为代价。阈值电压等级 3 具有最高的阈值电压，提供了最低的泄漏电流，但性能最慢。

表 7.1　多阈值电压等级

阈值电压	泄漏功耗 /nW	动态功耗 /（nW/MHz）	速度 /MHz
LVt（等级 1）	1000	6	400
SVt（等级 2）	250	5.5	300
HVt（等级 3）	40	5	250

如表所示，由于阈值电压引起的泄漏功耗显示出较大的变化，而其引起的动态功耗却小得多。

使用这些单元类别的优势在于，在需要的地方更容易权衡功耗和速度。例如，在关键路径上可以使用 LVt 单元，在非关键路径上可以使用 HVt 和 SVt 单元以节省功耗。表 7.2 显示了 55nm 库中这三种类别之间的典型权衡情况。

　　$\ominus$　标准阈值电压（Standard Vt）有时也被称为常规阈值电压（Regular Vt）。

表 7.2   阈值电压等级之间的速度功耗权衡（相对比较）

	HVt	SVt	LVt
基本的与非门延迟（慢速工艺角）	20	16	14
泄漏功耗（最大漏电角）	30	60	200

使用多种阈值电压单元的缺点在于，每增加一个额外的阈值电压类型都会增加制造过程中的额外工艺步骤和掩模成本。此外，还需要使用支持自动权衡这些单元的 ASIC 设计工具，以便根据设计的成本规格，在需要的地方选择多种阈值电压单元。

一个设计可能会使用不同阈值电压类别的单元组合。显然，使用 HVt 单元有助于减少泄漏功耗。在动态功耗方面，LVt 单元允许更高的性能和动态功耗。然而，如果使用 HVt 单元实现高性能设计，可能需要更多的单元，从而导致较高的动态功耗和总功耗。这对于使用更高的时钟频率且信号网络具有高切换活动的设计尤其成立。在使用标准或更低的阈值电压单元进行实现之间的权衡取决于设计中的活动性、设计的性能以及设计所在的工艺节点。这里的目的是让读者意识到在实现中涉及的权衡，以达到低功耗的目的。

7.2.1.1   优化方法：泄漏功耗恢复

常见的方法是首先使用 LVt 单元进行初始实现。在使用 LVt 单元达到目标性能后，可以使用其他工具和技术通过减少对 LVt 单元的使用来降低泄漏功耗。也就是说，非关键时序路径上的单元会切换到 SVt 或 HVt 单元。而 LVt 单元则仅保留在时序关键路径上。正如之前所述，多阈值电压单元通常具有相同的面积。因此，可以在时序收敛后轻松进行同位置替换。

上述方法的一个变体涉及降低非关键时序路径上单元的强度，直到它们变得关键为止。值得注意的是，这种方法通常是自动布局和布线工具内部的时序优化的一部分。

7.2.2   多沟道单元

大多数库中的标准单元都是采用固定沟道长度的 MOS 器件进行构建。通常情况下，所采用的沟道长度是技术节点支持的最小长度，以便在给定的硅区域内提供最佳的性能。这在几乎所有的技术节点中都是普遍做法。然而，随着技术节点从 40nm 逐渐缩小到 28nm，再到 22nm 和更小的技术节点，泄漏功耗变得愈发成为库选择的一个重要考虑因素。

这导致库供应商提供了使用非最小沟道长度的标准单元库。例如，在一个技术节点中，最小沟道长度为 40nm，可能还会提供使用 44nm、48nm 等 MOS 器件长度的标准单元库。由于 MOS 器件的长度超过了技术节点允许的最小长度，因此将其称为长沟道长度库。长沟道长度库通常会略微增加面积开销，即使用较长器件长度构建的标准单元的面积可能会略大于最小长度标准单元的面积。

从性能角度来看，随着器件长度的增加，MOS 器件电流会降低。因此，相对于使用最小长度构建的标准单元库，长沟道长度库具有更低的性能和泄漏。例如，在 32nm 技术节点中，可能会提供 32nm、35nm 和 38nm 沟道长度的库，设计可以使用来自所有这些库的单元，称为多沟道库。

值得注意的是，使用多沟道库允许设计者在性能和泄漏之间进行权衡，类似于前面小节中描述的使用多阈值电压库的情况。一个关键的区别是，使用长沟道长度库通常不需要额外的晶圆加工或掩模成本。值得注意的是，多沟道库可以使用不同的阈值电压变种来构建。对于上述实例，32nm、35nm 和 38nm 沟道长度库可以有 HVt、SVt 和 LVt 版本，从而提供九种组合（每个沟道长度有三种阈值电压变种）。图 7.1 给出了 40nm 工艺技术节点中多沟道库的速度和泄漏之间的权衡。

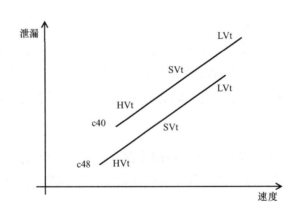

图 7.1　在 40nm 技术节点中，使用 40nm 和 48nm 沟道长度的多沟道库的权衡

综上所述，多沟道库提供了与多阈值电压库类似的权衡选择。通常，多阈值电压和多沟道技术会结合在一起，因此设计可以同时使用 SVt 多沟道库、HVt 多沟道库或 LVt 多沟道库，从而更加精细地控制功耗与性能之间的权衡。这样的组合为设计者提供了更灵活的设计选择，能够在不同应用场景下更好地满足功耗与性能的需求。

7.3　时钟门控

时钟门控是常用的降低动态功耗的方法。在典型设计中，动态（或主动）功耗的相当大一部分是由于每个触发器的输入时钟引脚切换而产生的。本节介绍了时钟门控的方法，以自动减少动态功耗中的这一部分。

通常情况下，触发器并不会在每个时钟周期都捕获新值。很多时候，触发器的输出被反馈到输入，然后在需要保留触发器值的周期保存。然而，这会导致触发器在每个时钟周期都被时钟触发，从而消耗比必要功耗更多的功耗。时钟门控技术提供了一种机制，在需要保留触发器值时关闭触发器的时钟。这种技术可以根据触发器何时捕获新值而大幅节省功耗。在极端情况下，如果一个触发器在每个时钟周期使用新值时都被时钟触发，那么时钟门控是无效的。但是，如果一个触发器在 100 个周期内只捕获一次新值，那么可以将99% 的时钟周期进行门控，从而节省 99% 的触发器时钟功耗。

接下来，让我们考虑下面的 SystemVerilog[⊖] 代码。

```systemverilog
always_ff @(posedge clk)
  if (enable)
    q <= d;
```

这通常会被实现为图 7.2 中所示的逻辑。

值得注意的是，当 *enable* 为假时，*Q* 输出被反馈到输入 *D* 再次触发。这样的反馈环路会导致不必要的功耗增加。在这种情况下，通过不向触发器提供时钟信号，从而使触发器保留其先前的值，可以节省这些额外的功耗。这可以通过使用如图 7.3 所示的时钟门控器来实现。时钟门控在 *enable* 为假时阻止时钟边沿传递给触发器。

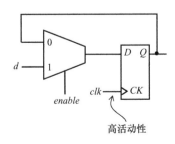

图 7.2　带使能端的触发器

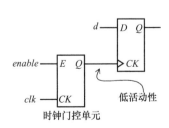

图 7.3　带时钟门控的触发器

⊖　见参考文献 [BHA10]。

图 7.2 中的时钟门控是同步加载使能的一个实例。相同的方式可以应用于具有同步置位或同步复位的触发器。

时钟门控有助于降低功耗。它进一步消除了数据路径上多路选择器的需求，因此使得这些数据路径更容易满足时序，并节省硅片面积。时钟引脚的较低切换频率意味着触发器的内部功耗较低。由于时钟门控本身也会增加功耗，通常一个时钟门控被用于驱动最少数量的触发器。这确保通过对触发器进行时钟门控而节省的功耗大于时钟门控本身所耗费的功耗。

可能的时序问题是，由于插入时钟门控，数据路径到时钟门控的使能引脚的时序可能变得关键。有关时钟门控的时序影响将在 7.4 节中介绍。

现今的综合工具会自动从 RTL 描述中推断出同步控制，并将其映射到工艺库中的时钟门控器。这种技术易于实现，与技术节点无关，并且不需要对 RTL 进行任何更改。一些工具甚至可以从网表中找到可以用时钟门控器替换的结构（例如，在触发器数据输入处使用多路选择器，并将触发器输出反馈到多路选择器）。

在推断时钟门控器时指定的一个选项是时钟门控器可以驱动的最小触发器数量。只驱动一个触发器在功耗上可能并不划算，因为时钟门控器的功耗可能抵消了节约的功耗。通常，每个时钟门控器的最小扇出为 3 或 4。

在物理设计过程中，时钟门控单元会被放置在需要进行时钟门控的触发器附近，这样可以减少电容并简化时钟门控器的使能引脚的时序要求。值得注意的是，时钟门控器之后的时钟树部分将成为通过使能引脚的时序路径的一部分。时钟门控器可以被克隆并推到时钟树更高的层级（即更接近触发器），以实现更好的时钟偏移，这也简化了使能引脚的约束。另一种选择是，为了获得更低的功耗和更小的面积，可以将时钟门控合并，并推到时钟树的较低层级，尽管这会增加使能引脚的时序收敛难度。更多详情，请参见 7.4 节。

7.3.1 功耗驱动的时钟门控

了解时钟门控的活动情况可以帮助确定节省功耗与引入时钟门控成本之间的权衡关系。时钟门控器的活动情况可以从仿真中获取，并在活动性文件（例如 SAIF 文件）中提供。如果一个时钟门控器大部分时间处于活动状态，那么最好不使用时钟门控器，而使用传统的多路选择器方案。基于活动情况来优化时钟门控器的选择被称为功耗驱动的时钟门控。

7.3.2　降低时钟树功耗的其他技术

本节讨论有效偏移和触发器聚类技术。

7.3.2.1　有效偏移

一般来说，时钟树的实现旨在在所有叶触发器（时钟树的终端节点）上实现最小的时钟偏移。为了理解有效偏移的概念，首先我们介绍时钟树实现中的典型步骤。

第一步是构建到所有叶节点的树。由于到各个叶节点的插入延迟通常相差很大（例如从 $Tmin$ 到 $Tmax$），接下来的步骤是平衡各个叶节点的插入延迟。这一步在各个分支中添加中继器级，以使所有分支的延迟接近 $Tmax$。值得注意的是，为了平衡偏移，额外的中继器级（可以是反相器或缓冲器）可能占据时钟树的相当大一部分。换句话说，时钟树中相当大一部分的功耗是由为了进行时钟偏移平衡而添加的中继器级（可以是反相器或缓冲器）所消耗的。

有效偏移意味着时钟树在叶节点处不平衡。这里的目标不是确保时钟树的所有端点具有相同的延迟，而是确保仅添加必要的偏移缓冲级别以满足时序要求。可以在需要更长时序路径（超出一个时钟周期）的特定叶节点之间添加有效偏移，同时也简化了时序收敛。与在所有叶节点平衡时钟不同，某些叶节点的时钟被推出或交替提前。因此，与正常的时钟树实现不同⊖，其中所有数据路径阶段几乎具有相等的可用时间，有效偏移实现为数据路径的不同阶段提供了显著不同的可用时间。数据路径的可用时间可能大于（或小于）一个时钟周期，具体取决于有效偏移量。因此，可以通过使用有效偏移来实现显著的功耗降低。

如图 7.4 所示，即使时钟周期为 5ns，添加 2ns 的有效偏移（时钟到达触发器时钟引脚的差异）使得该路径满足建立时序要求。如果时钟偏移为 0，就必须在时钟分支到 FF0 上插入额外的缓冲器，从而增加功耗，并且还必须进行更多的数据路径优化以满足建立时序要求（因为数据路径只有 5ns 可用）。

利用有效偏移的缺点是可能会使用更多的保持缓冲器，并且由于更大的非公共时钟路径，会对 OCV⊖ 裕度产生更大的时序影响。

⊖　采用最小的时钟偏移构建。

⊖　On-Chip Variation，片上差异。

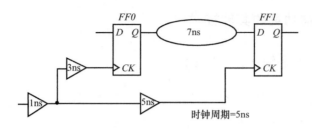

图 7.4　满足时序的有效偏移

7.3.2.2　触发器聚类

通过将时钟树上与同一个末级缓冲器相连的所有触发器互相靠近，可以将时钟缓冲器放置在同一个集群中，降低电容，从而降低动态功耗（与电容成比例）。

7.4　时钟门控对时序的影响

在实现过程中，时钟门控的使用会引入额外的时序约束。本节描述了时钟门控对时序的影响。

7.4.1　单级时钟门控

时钟门控需要考虑的一个因素是它可能会引入紧凑的时序路径，主要是在时钟门控器的使能引脚上，如图 7.5 所示。

假设时钟周期为 P。在没有时钟门控器的情况下，*FF1* 的建立要求为：

```
P > launch_clock_insertion_delay + CK_to_Q_of_FF0 + T +
   SetupTimeFF1 - capture_clock_insertion_delay
```

在 *FF1* 的捕获时钟路径上添加时钟门控器后，捕获时钟插入延迟会增加时钟门控器的 *CK_to_Q* 延迟。此外，*FF1* 的 D 输入处不再有多路选择器。这两个因素实际上有助于 *FF1* 的建立时序。然而，使能逻辑已经移到时钟门控器的使能引脚。如果 *T2* 是从时钟门控器到触发器 *FF1* 的延迟，则使能逻辑被时钟门控器捕获的可用时间扣减（*T2+CK_to_Q_of_CLK-GATE*）。这意味着时序路径 *T1* 必须比 *T* 快（*T2+CK_to_Q_of_CLKGATE*）这么一个值。这意味着 *T1*（即到达 E 引脚的路径延迟）需要小于一个完整的时钟周期，以满足对 E 引脚的时序要求。

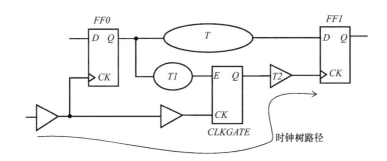

图 7.5　到使能引脚的紧时序路径

在综合过程中，时钟被视为理想的。因此，需要满足时钟门控器的 E 引脚的建立时间要求，同时需要增加额外的裕度（基于 T2 的估计）。这可以通过在时钟门控器的 CK 引脚上使用 set_clock_latency 命令来指定，例如在 CK 引脚上指定为 −400ps（T2 的估计值），并在时钟门控器的 Q 引脚上指定为 +400ps（T2 的估计值）。如果时钟插入延迟到 CK_of_FF1 为 INS_DELAY1，则时钟门控器的 CK 引脚的延迟可以设置为（INS_DELAY1-T2-CK_to_Q_of_CLKGATE）。在物理设计阶段，必须确保时钟门控器靠近被控制的触发器，以避免时钟门控器的使能引脚出现时序违例。

时钟门控器与其所驱动的触发器之间的距离越近，相应的使能信号约束就越少。现在让我们来看一下扇出对时钟门控器的影响。图 7.6 展示了一个时钟门控器驱动大量触发器的情况。这种方法使用较少的时钟门控器电路，具有更好的功耗降低效果。然而，时钟门控器的使能引脚受到严格的约束（因为从时钟门控器的输出到被驱动的触发器之间存在较大的延迟）。

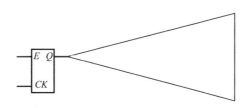

图 7.6　具有大扇出的时钟门控器

考虑图 7.7 所示的另一种情况，其中每个时钟门控器驱动较少的触发器。在这种情况下，更容易满足使能引脚的时序要求。然而，可能会影响功耗，因为时钟门控器电路的数量较多。

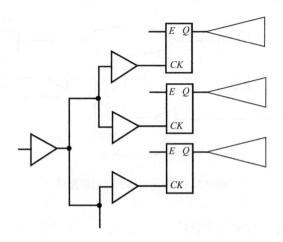

图 7.7　具有小扇出的时钟门控器

7.4.2　多级时钟门控

时钟门控器可以是多层或多级结构。这些分级可以根据使能引脚逻辑锥中的公共逻辑，由综合工具自动推断出来。图 7.8 展示了一种可以创建多级时钟门控器的转换方式。表达式中的公共因子 A 被提取出来形成了一个额外级别的时钟门控器，该时钟门控器的使能引脚上带有 A。

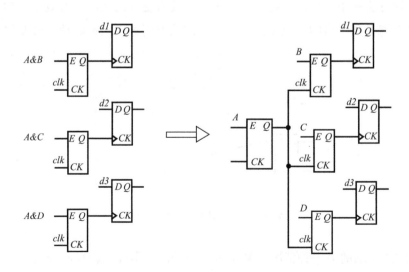

图 7.8　多级时钟门控器

考虑多级时钟门控器的一般情况。特别是在第一级，时钟门控器的使能引脚的时序变得更加关键。图 7.9 展示了一个三级时钟门控器的实例。

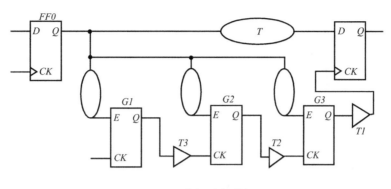

图 7.9　多级时序路径

多级时钟门控器的问题在于，现在时钟门控器使能引脚的时序要求变得更加关键。G1 的使能引脚比之前收紧了（T1+T2+T3），G2 的使能引脚比之前收紧了（T1+T2），而 G3 的使能引脚则收紧了 T1。

7.4.3　克隆时钟门控

为了满足时序要求，有时可以对时钟门控器进行克隆。克隆可以针对时钟门控器的使能引脚或被驱动的触发器进行。这可能会增加时钟功耗，但有助于满足时序要求。

请参阅图 7.10。考虑这样一种情况，即触发器 FF2 与触发器 FF1 物理上相距较远，而时钟门控器 CG1 在布局中靠近 FF1。由于 CG1 到 FF2 的距离，线路 N1 上的延迟将较大。假设线路 N1 的延迟为 T1。在这种情况下，时钟门控器的使能引脚上的时序至少要扣减 T1。时钟门控器的建立约束现在必须同样扣减 T1，这可能导致这条路径的时序无法收敛。值得注意的是，该约束是由于时钟从 CG1 到 FF2 的延迟造成的，后者较远。

在这种情况下，可以通过克隆时钟门控器来解决其时序问题，即为 FF2 提供一个单独的时钟门控器，在布局中靠近 FF2 放置（见图 7.11）。这消除了对 CG1 较紧的建立约束，有助于满足所需的时序。但值得注意的是，这会增加使用额外时钟门控器的成本，从而增加功耗。

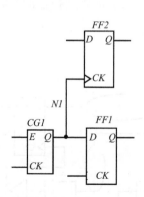

图 7.10　时钟门控器的时序要求因 N1 延迟大而难以满足

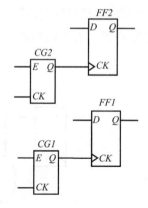

图 7.11　克隆时钟门控器

注意不进行克隆而使时序得以改善的一种做法是尝试将触发器 FF2 靠近 FF1，例如，FF1 和 FF2 可以被聚集在物理上彼此靠近的位置。

7.4.4　合并

在不影响时序的情况下，时钟门控器可以进行合并以节省面积和功耗。当然，使能引脚逻辑必须相同才能进行合并。考虑图 7.11，假设触发器 FF1 和 FF2 在物理上靠近。如果连接到 CG1 使能引脚的逻辑与连接到 CG2 使能引脚的逻辑相同，那么可以消除其中一个时钟门控器，剩余的时钟门控器为两个触发器都提供时钟信号。

值得注意的是，并不需要触发器在物理上靠近彼此。例如，考虑 FF2 与 FF1 物理上相距较远，选择消除 CG2。可能 FF2 驱动的逻辑的松弛足够大，以至于可以消除 CG2 时钟门控器。消除 CG2 后，FF2 处的时钟信号到达较晚，从而降低了由 FF2 驱动的逻辑的正裕量。这意味着，只有在 FF2 驱动的逻辑上的初始裕量大于消除 CG2 时带来的增量延迟时，才能使用这种技术。

7.5　门级功耗优化技术

门级功耗优化技术需要获得门的引脚上的开关活动信息。

1）可以通过 SAIF 文件仿真得出准确值。

2）可以使用基于 SDC 的近似活动性来获取。

3）可以通过其他方式获得，比如明确的活动性规范。

7.5.1　使用复杂单元

如果一个网络的活动远高于其扇入或扇出网络，将高活动性网络合并为一个复杂单元可以降低整体的动态功耗。这是因为合并减少了高活动性网络的电容（及相应的切换功耗）。图 7.12 展示了一个例子。

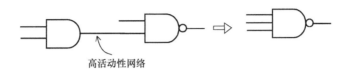

图 7.12　技术映射以优化高活动性网络

7.5.2　调节单元尺寸

对非关键路径上的单元进行缩小可以帮助减少动态功耗。低强度单元具有较低的动态功耗。这通常是在时序和功耗驱动的实现过程中的面积恢复和功耗恢复步骤的一部分。在这种方法中，布局和布线工具会在初始实现完成后，减小非关键时序路径上的单元强度，以节省面积和降低功耗。

相比高强度单元，低强度单元通常给前级提供的输入电容负载较低。高强度单元适用于驱动远距离线路或较重负载。低强度单元通常对低功耗是最优选择。

在 ASIC 的物理设计过程中，可以通过减小非关键路径上单元的尺寸来针对功耗进行改进。低强度单元很可能与现有封装外形不兼容，但通常比高强度单元的面积更小，因此可以适应现有的面积。

7.5.3　设置适当的压摆率

一般来说，非常缓慢的过渡时间（或斜率）可能会导致更高的动态功耗。然而，以非常快的压摆值为目标可能会导致过多的中继器级，这可能会导致拥塞，并可能导致更高的静态功耗。因此，在实现过程中压摆率目标值的选取取决于操作频率。

一般来说，一个良好的设计实现是将时钟信号的过渡时间定为时钟周期的 10% 左右。由于数据切换速率最多可以达到时钟切换速率的 50%，所以数据信号的过渡时间可以大于时钟信号的过渡时间。在大多数设计中，数据信号的过渡时间可以设置为时钟周期的30%左右。针对过渡时间缓慢且违反预设目标压摆率要求的信号网络，须插入中继器级。

7.5.4 引脚互换

在某些单元中，功能相同的引脚可以具有不同的输入电容。在这种情况下，将高活动性网络移至具有较低电容的引脚是有益的。图7.13给出了一个实例。引脚 A 上的逻辑可以与引脚 C 上的逻辑进行互换，假设引脚 C 具有较小的引脚电容。功能保持不变，高活动性网络现在驱动较小的电容负载，从而降低功耗。

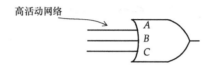

图 7.13　将引脚互换至具有较低电容的引脚

7.5.5 因式分解

对高活动性网络应用布尔分解，以将高活动性网络分解出来。这将最小化高活动性网络的逻辑扇出数量。例如，如果网络 B 是高活动性网络，其逻辑函数为：

A & B | B & C

然后可以应用分解将其更改为：

B & (A | C)

这在图7.14中有说明。通过逻辑分解，高活动性网络的数量已减少。

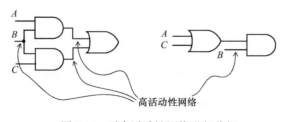

图 7.14　对高活动性网络进行分解

7.6 睡眠模式的功耗优化

本节将介绍在设计（或称为模块的部分）不运行时的功耗降低技术，即设计（或模块）已被置于睡眠或待机模式。一般来说，各种宏单元，如 SerDes、PLL、DDR2/3 PHY、IO 等，支持降低功耗的电源关闭模式，可以将这些宏单元的功耗降低很大比例。

本节也将介绍可以用于存储器和标准单元逻辑的功耗降低技术。由于设计处于非活动模式，因此没有活动（或各种节点的活动为零），从而导致此模式下动态（或主动）功耗为零。

7.6.1 通过背偏压减少泄漏

此技术通常用于在设备处于非活动状态时降低漏电。

反向偏置是一种动态改变 CMOS 晶体管的阈值电压（Vt）技术。增加晶体管的阈值电压可以减少其泄漏电流，但性能会降低。由于设计未在功能模式下运行，并且目标是降低功耗，因此性能的降低是可接受的。反向偏置有时也被称为衬底偏置、井偏置、体偏置或背栅。

考虑图 7.15 中显示的 NMOS 和 PMOS 晶体管。MOS 晶体管具有以下节点：源极、栅极、漏极和衬底。

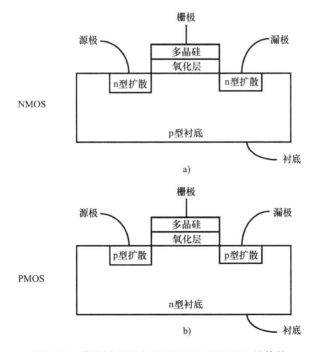

图 7.15 带有衬底引脚的 NMOS 和 PMOS 晶体管

一般情况下，数字标准单元的所有 NMOS 晶体管的衬底都连接到 *VSS*，而数字标准单元的所有 PMOS 晶体管的衬底都连接到 *VDD*[⊖]。

MOS 晶体管内的 p-n 结形成二极管，不应该施加衬底偏压来使其导通（即二极管不应该正向偏置）。在 NMOS 晶体管的实例中，将衬底与源极相比施加正向偏压（正电压差异）可以使二极管导通。然而，可以在衬底上施加任何反向偏压（负电压差），这会导致泄漏电流减小，而没有任何不利影响。

NMOS 晶体管的阈值受到施加在衬底上的负偏压的影响（导致衬底中的电子增加，必须通过更高的栅压来克服）[⊖]。负偏压的幅度越大，使晶体管导通所需的正栅极电压就越高。这反过来意味着更低的泄漏电流和速度。同样，对于 PMOS 晶体管，施加在衬底上的正偏压意味着需要较大的负栅极电压（相对于 *VDD*）来使其导通。

反向偏置也可以用于提高产出率。如果芯片由于漏电而消耗过多功耗，可以施加反向偏置来降低功耗。然而，这也会导致速度降低。相反地，可以使用微小的正向衬底偏压来提高性能，代价是增加了泄漏功耗。

应用衬底偏压的一个重大缺点是，该技术需要一组单独的电源，NMOS 晶体管需要一个负电源 *VBB*，而 PMOS 晶体管需要另一个正电源 *VPP*（高于 *VDD*）。另一个缺点是一些工具不支持反向偏置连接的自动化技术。

7.6.2 关闭不活动的区块

在这种方法中，关闭不活动的区块以节省功耗。通过关闭块，动态功耗降至零。关闭的控制在芯片内部进行，使用电源开关来实现。

电源门控涉及关断电源，以便可以关断非活动块的电源。该过程如图 7.16 所示，其中添加了一个与电源串联的 footer（或 header）MOS 器件。控制信号 *SLEEP* 被配置为在块的正常工作期间使 footer（或 header）MOS 器件导通。由于电源门控 MOS 器件（footer 或 header）在正常工作期间处于导通状态，因此模块得到供电并在正常功能模式下运行。在模块处于非活动（或睡眠）模式期间，将关断门控 MOS 器件（footer 或 header），从而消除了逻辑块中的任何动态功耗。footer 是一个位于实际地线和模块的地线网络之间的大型

⊖ 衬底连接可以内置在标准单元中，也可以通过单独的 "tub-tie" 单元实现。
⊖ 见参考文献 [SZE81，STR05]，以获取更多详细信息。

NMOS 器件，通过电源门控进行控制。header 是一个位于实际电源和块的电源网络之间的大型 PMOS 器件，通过电源门控进行控制。在睡眠模式下，模块的功耗仅来自 footer（或 header）器件的泄漏电流。

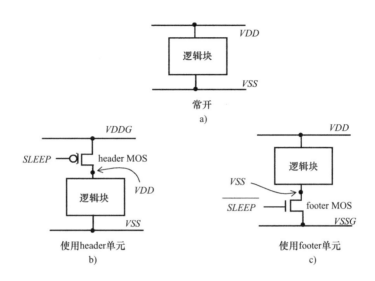

图 7.16　通过使用 header 或 footer 器件切断非活动逻辑块的电源

通常使用多个电源门控单元来实现 footer 或 header，对应于并联的多个 MOS 器件。footer 和 header 器件在电源上引入了串联的导通电阻。如果导通电阻值较大，通过电源门控器件的 IR 压降⊖会影响逻辑块中单元的时序。虽然关于电源门控器件尺寸的主要标准是确保导通电阻值小，但存在权衡，因为电源门控 MOS 器件决定了非活动或睡眠模式下的泄漏电流。

总之，应该有足够数量的并联电源门控单元，以确保活动模式下串联导通电阻的 IR 压降最小。然而，在选择并联电源门控单元的数量时，非活动或睡眠模式中的泄漏电流也是一个考量标准。

7.6.2.1　链式配置以限制浪涌电流

在典型设计中，需要许多开关单元来处理可切换电源域的电流需求。这些开关单元可以以许多不同的形式进行配置。一个常见的形式是图 7.17 所示的链式配置。

⊖　电源网格导线中的电压降。

开关单元的 *SLEEPIN* 和 *SLEEPOUT* 被串联在一起。电源控制器向第一个 *SLEEPIN* 发出信号，并从最后一个 *SLEEPOUT* 接收确认信号。这种技术的优点是多个开关单元的开启在时间上是错开的，因此从电源汲取的电流不会突然增加。在该域唤醒期间的电流突然增加可能对电源提出严格要求。如果电源传递机制不能处理突然增加的电流需求，已经处于开启状态的电源域接收的电源电压可能会降到最低可接受电平以下。来自正在被打开的域的电流需求的突然增加称为浪涌电流（rush current 或 in-rush current），并且开关的串联有助于减少浪涌电流。通过如图 7.17 所示的链式连接开关单元，不同的开关单元的开启是错开的，从而限制了电源的电流峰值。缺点是关闭域的唤醒时间取决于从第一个 *SLEEPIN* 到最后一个 *SLEEPOUT* 的总延迟。

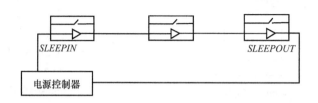

图 7.17　串联链式配置

7.6.2.2　并联配置以最小化开启时间

开关单元的另一种替代配置是图 7.18 所示的并联配置，其中所有 *SLEEPIN* 在同一时间接收信号。在这种情况下，唤醒时间最短，但是唤醒期间的电流峰值可能非常高。由于浪涌电流很大，几乎不会使用这种配置。

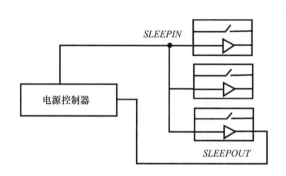

图 7.18　并联配置

7.6.2.3　管理浪涌电流的多个开关链

在这种方法中，将开关单元分组成多个链，并为每个链使用串联链式配置（见图 7.19）。在此配置中，不同链的控制信号可以错开（时间上）以控制浪涌电流。第一个链可以控制一部分开关，从而开启电源供应的"斜坡式上升"。第二个链的控制信号是第一个链的控制信号延迟。值得注意的是，母 - 子开关单元也可以分成单独的链，母开关链和子开关链具有单独的控制（见图 7.20）。延迟母（或随后）链的控制信号，确保电源供应上升期间的浪涌电流处于可接受范围内。这种配置的优势在于，它可以适当地满足浪涌电流的要求，并为电源控制器提供控制。所有串行链的最后一个开关的 *SLEEPOUT* 可以连接回电源控制器，也可以只将后面链的 *SLEEPOUT* 连接到电源控制器。这取决于电源控制器中实现的逻辑。

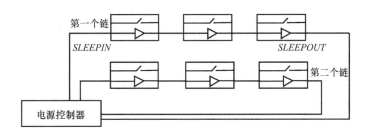

图 7.19　串并联配置

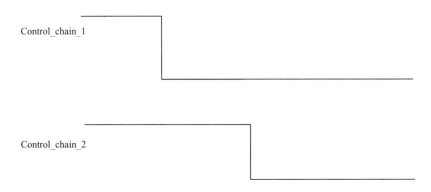

图 7.20　错开不同链的控制信号

7.6.2.4　唤醒时间

一个关键的标准是模块的开启时间。开启时间由块的各种参数确定，例如最大允许的浪涌电流、充电电容以及开关在串联配置中的排列方式。考虑一个使用了 5000 个电源开关的实例模块。如前所述，选择开关数量是为了确保由于开关引起的电压降低很小（在可接受的范围内）。值得注意的是，每个开关从 *SLEEPIN* 到 *SLEEPOUT* 都有一些传播延迟。例如，如果每个开关单元的传播延迟（到 *SLEEPOUT*）为 30ps，那么在一个链中放置 5000 个开关会导致大约 150ns（=5000×30ps）的传播延迟。如果电源电容无法在 150ns 内充电，并且所有开关通过的总电流超过了最大允许的浪涌电流（过大），设计者可以将 5000 个开关分成多个独立开启的组。

7.6.3 存储器的睡眠和关机模式

功耗友好型存储器通常提供称为睡眠模式的各种省电机制。这些机制旨在节省外围逻辑和核心存储器阵列的泄漏功耗。一些用于节省泄漏功耗的方法已在第 3 章中介绍过。本节详细介绍存储器宏模块的功耗降低选择。

7.6.3.1 外围逻辑的功耗节省

由于外围逻辑的电源不会影响存储器内容，因此可以关断（或降低⊖）外围逻辑的电源而不影响存储器内容。关断外围逻辑电源的方式如下。

1）存储器宏模块的其中一个睡眠模式会关断对外围逻辑的电源供应。通常使用内部电源开关来实现此目标，该开关会切断外围逻辑的电源。图 7.21 给出了一个示意图，其中假设电源开关由 *DeepSleep* 引脚控制。

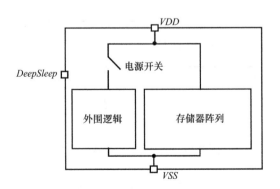

图 7.21　睡眠模式会关闭存储器中的外围逻辑

⊖ 与必须保持在特定最低值以上以确保不丢失内容的存储器阵列电源不同，外围逻辑电源可以降低到更低的值。

在内部电源开关能够激活以切断外围逻辑的电源之前会有一些延迟。同样，在存储器睡眠模式被取消激活后，到适当的电源应用于外围逻辑并使得存储器宏模块变为活动状态之间，会有显著的延迟。设计者在决定使外围逻辑的电源停止供应时需要考虑唤醒时间。

根据存储器实例的大小，静态（或泄漏）功耗在这种模式下可以降低 50%~70%。存储器中的数据仍然是安全的。然而，唤醒时间较长——以使外围逻辑的电源稳定，这可能需要多个时钟周期。

2）存储器宏模块支持外围逻辑和存储器核心阵列各自独立的电源供应。对于具有双电源供应的实例，外围逻辑电源的控制也可以是外部的。如果存储器宏模块是较大块的一部分，而该块是一个关机域，那么连接到标准单元和存储器外围逻辑的块级电源可以被关断，而不会影响存储器核心阵列（见图 7.22）。存储器核心阵列保持通电，以确保存储器内容不会丢失。

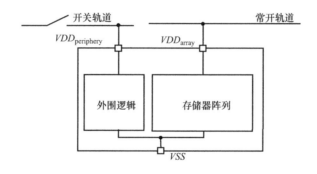

图 7.22　存储器中的双电源轨

在具有双电源供应的存储器中，外围逻辑和存储器阵列可以在不同的电压下工作。这使得存储器阵列的电源电压可以降低到其允许的最小值，而外围逻辑的电源电压可以更低——存储器宏模块仍然可以在功能模式下运行，并节省动态功耗。

7.6.3.2　存储器阵列的功耗节省

由于关断存储器阵列的电源会导致存储器内容丢失，通常情况下不会移除存储器核心阵列的电源⊖。为了降低存储器核心阵列的泄漏功耗，一种方法是为存储器阵列提供衬底偏置。偏置生成电路位于存储器宏模块中，并且应用偏置可以显著降低存储器阵列的泄漏功

⊖　在关机模式下，存储器核心阵列的电源会被移除，因为不需要保存存储器内容。

耗。图 7.23 描述了用于控制此模式的专用引脚 *LightSleep*。根据存储器大小，添加衬底偏置可以使待机功耗降低 20%~50%。存储器中的数据仍然是安全的。唤醒时间，即恢复到正常操作所需的时间非常短，通常可能少于一个时钟周期。

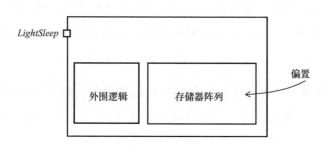

图 7.23　存储器中的轻度睡眠模式

7.6.3.3　存储器关机

到目前为止描述的技术保留了存储器的内容。如果设计者不再需要存储器内容（因为这些内容已经单独保存），则可以关断存储器阵列（和外围逻辑）的电源，从而完全消除存储器的泄漏功耗。在关机模式下，存储器的内容会丢失。因此，在将存储器置于关机模式之前，系统设计者必须确保这些内容要么不需要用于后续操作，要么它们已经在另一个模块中保存（或存储在芯片外）。在模块重新上电后，存储器内容被恢复并重新写入原始位置，然后块准备好进行后续操作。

在关机模式下，存储器阵列的电源会被切断（见图 7.24）。一个单独的引脚 *ShutDown* 控制此模式。由于存储器阵列的电源也被切断，存储在存储器中的所有数据都会丢失。通

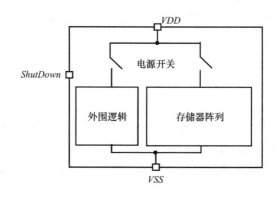

图 7.24　存储器中的关机模式

常可能需要大量的周期来恢复数据。或者，如果不需要恢复数据，只需恢复存储器阵列和外围逻辑的电源，可能需要较长的唤醒时间，通常比深度睡眠模式的唤醒时间更长。然而，功耗降低可能非常显著，可以节省超过 95% 的待机功耗。

7.7 自适应工艺监控

在大多数情况下，设备旨在在操作的工艺、电压和温度范围内满足时序和功耗规范。这意味着实现应该在整个 PVT 角上满足时序和功耗目标，不同的时序签发（sign-off）角被用来验证时序规范，而功耗规范则使用最大功耗角（快速工艺、高供电电压、高温度）。

通常情况下，设备的时序规格受到慢工艺角的性能限制（慢工艺、芯片上最低电源电压值，以及可能的最低结温度，以考虑温度反转的情况）。同样，功耗是由最大功耗角（快工艺、最高电源电压、最高结温度）的功耗来规定的。在现实中，来自慢工艺角的设备的功耗通常比规格要求低得多，而来自快工艺角的设备则提供比规格要求好得多的时序性能。对于大多数接近典型工艺的设备，它们在时序性能（超过签发速度）和功耗（低于签发功耗）方面都表现得更好。根据它们的工艺，设备性能可以描述如表 7.3 所示。

表 7.3 基于工艺的设备性能

晶圆角	小电压低温度下的性能	大电压高温度下的功耗
慢	勉强符合规格	泄漏功耗远低于规格；动态功耗也更低
典型	比规格要求更快	泄漏功耗低于规格；动态功耗也更低
快	性能远远超出规格	勉强符合规格

对于目标性能非常高且对功耗有关键约束的设备，通常不可能在各自的最坏情况角满足时序和功耗的签发标准。解决方案是根据设备的快、典型或慢来调整电源电压，这类似于 6.3 节中描述的电压调整的概念。例如，可以将快设备的工作电源降低，并仍然满足目标性能。慢设备可以在允许的电源电压范围的高值端运行。需要注意的是，慢设备的泄漏功耗要低得多（因此总功耗也要低得多）。同样，通过将快设备的电源电压降低，可以减少泄漏功耗和动态功耗的贡献。

上述技术可以静态实现，在芯片测试期间，会标记设备以指示其工艺角类别，并且在设备内部熔断适当的熔丝以指示其速度类别。在现场操作中，根据设备的标记来设置电源电压。

在更复杂的场景中，可以根据芯片工艺和工作温度的监测值动态调整电源电压。正如6.3节中所述，简单的监控器可以是芯片上的环形振荡器，其速度是芯片上的工艺、电压和温度的衡量标准。环形振荡器的速度在芯片外部被探测到并被用来控制给芯片供电的电源调节器的输出电压。如果测量到的速度较低（由于慢工艺和低温度），则意味着设备性能较慢。在这种情况下，外部电源电压值会增加。增加电源电压可以提高设备的性能。同样，如果测量到的速度较高，可以减小电源电压值。在上述任何一种情况下，电源电压被设置为刚好满足性能规格。电源设置确保功耗远低于传统的固定电源设置的方法。

7.8 去耦电容和泄漏

在纳米级工艺中实现的所有设计都包括重要的内置去耦合电容，有助于降低芯片上的电源电压瞬变。一般来说，设计者会尽可能多地添加去耦合电容，并利用芯片上的所有空白空间来添加去耦合电容。但需要注意的是，虽然去耦合电容不会产生动态功耗，但它们会产生泄漏功耗。对于功耗有严格约束的设计，设计者可能需要评估使用所有可用空间进行去耦合是否会导致泄漏功耗过大。

7.9 总结

综上所述，本章介绍了可用于实现低功耗的各种方法和技术。不同方法对潜在的功耗节省产生不同程度的影响，需要权衡其对时序、硅面积、设计验证工作以及系统架构的不同影响。表7.4提供了各种技术的比较总结。

表 7.4 各种低功耗方法的比较总结

低功耗技术	功耗优势	时序代价	面积代价	架构影响	设计影响	验证影响	实现影响
多阈值电压优化	中等	小	小	无	无	无	低
多沟道优化	中等	小	小	无	无	无	低
时钟门控	中等	小	小	低	低	无	低
多供电电压	大	部分	小	高	中等	中等	中等
电源关断	巨大	部分	部分	高	高	高	高
动态自适应电压频率缩放	大	部分	部分	高	高	高	高
衬底偏置	大	部分	部分	中等	低	低	高

第 8 章

UPF 功耗规范

本章将介绍统一功耗格式（Unified Power Format，UPF）命令。UPF 规范采用 ASCII 格式，可用于指定设计流程中的所有方面的低功耗指令（见图 8.1）。在 UPF 文件中提供的功耗规范可供仿真、综合、等效性检查、物理设计和物理验证环节使用。

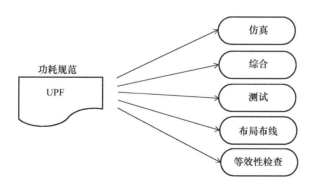

图 8.1 UPF 可用于设计流程中的所有环节

UPF 规范是 IEEE 1801-2009 标准[⊖] 的一部分。在此之前，存在一个由 Accellera[⊖] 标准化的 UPF 版本 2.0。接下来将介绍 IEEE 标准的各种命令。

⊖ 见参考文献 [UPF09]。

⊖ www.accellera.org。

8.1 设置范围

set_scope 命令指定了活动的 UPF 范围所对应的实例。如果未指定实例名称，则 UPF 范围为顶层。

```
set_scope u_i1/u_i2

set_scope
# 将范围设置为顶层。
```

8.2 创建电源域

create_power_domain 命令创建具有指定名称的电源域。此命令还可用于指定电源域中所有实例的列表。

```
set_scope
create_power_domain PDA \
  -elements {U1 U2} -scope U_B1

create_power_domain PDB \
  -elements {U3 U4} -scope U_B1
set_scope U_B2
create_power_domain PDC -elements {U5 U6 U7}
```

上述命令对应于图 8.2 中所示的电源域。**-include_scope** 选项可用于将指定范围中的所有元素添加到与电源域共享相同电源的范围中（这与图 8.2 中的实例不对应）。

```
create_power_domain PDD -include_scope -scope U_B3
```

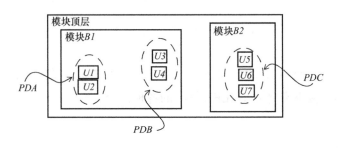

图 8.2 电源域

图 8.3 显示了另一个实例，其中包含两个电源域，一个是可开关电源域 *PD_SW*，另一个是常开电源域 *PD_TOP*。

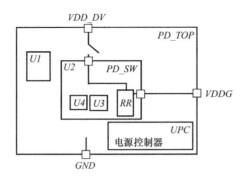

图 8.3　电源域的另一个例子

```
create_power_domain PD_TOP -include_scope
# PD_TOP包含顶层及其所有子元素。
create_power_domain PD_SW \
  -elements {U2/U3 U2/U4 U2/RR}
# 但这些元素属于 PD_SW 电源域。
```

8.3　创建供电端口

对于每个定义的电源域，必须指定供电和接地端口（见图 8.4）。

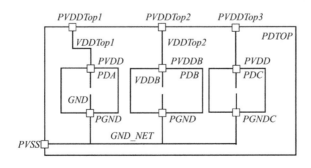

图 8.4　电源域的供电和接地端口

```
# 首先是供电端口：
create_supply_port PVDDTop1 -domain PDTOP
create_supply_port PVDDTop2 -domain PDTOP
create_supply_port PVDDTop3 -domain PDTOP
create_supply_port PVDD -domain PDA
create_supply_port PVDDB -domain PDB
create_supply_port PVDD -domain PDC
# 然后是接地端口：
create_supply_port PVSS -domain PDTOP
create_supply_port PGND -domain PDA
create_supply_port PGND -domain PDB
create_supply_port PGNDC -domain PDC
```

8.4　创建供电网络

供电网络用于连接所创建的供电端口。

```
create_supply_net GND_NET -domain PDTOP
create_supply_net VDDTop1 -domain PDTOP
create_supply_net VDDTop2 -domain PDTOP
create_supply_net VDDTop3 -domain PDTOP
create_supply_net GND -domain PDA
create_supply_net VDDB -domain PDB
```

一旦创建了一个网络，可以使用 -reuse 选项来在同一范围内不同的域中多次创建该网络，也不需要创建子域端口或连接到这些端口。在低层次电源域中使用 -reuse 创建供电网络会自动在该电源域中创建端口并连接这些端口。稍后将展示一个实例。

8.5　连接供电网络

connect_supply_net 命令用于将供电网络连接到一个或多个供电端口。

```
connect_supply_net GND_NET \
  -ports {PDA/PGND PDB/PGND PDC/PGNDC PVSS}
connect_supply_net VDDTop1 \
  -ports {PVDDTop1 PDA/PVDD}
connect_supply_net VDDTop2 \
  -ports {PVDDTop2 PDB/PVDDB}
connect_supply_net VDDB \
  -ports PVDDB -domain PDB
```

8.6　域的主电源

这是使用 **set_domain_supply_net** 命令指定的，它为每个电源域指定了一个主电源和接地连接。

```
set_domain_supply_net PDB \
  -primary_power_net VDDB \
  -primary_ground_net GND
```

电源域内的所有单元都会隐式连接到电源域的主电源和接地网络。

8.7　创建电源开关

create_power_switch 命令在指定的域中创建一个电源开关。电源开关具有输入电源端口和输出电源端口，它还有一个控制端口（见图 8.5）。

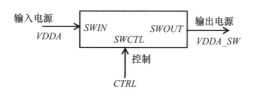

图 8.5　一个电源开关及其端口

create_power_switch 命令还包含了打开开关的控制信号规范。

```
create_power_switch PD_TOP_SW \
  -domain PD_TOP \
  -output_supply_port {SWOUT VDDA_SW} \
  -input_supply_port {SWIN VDDA} \
  -control_port {SWCTL CTRL} \
  -on_state {SW_ON VDDA !CTRL} \
  -off_state {SW_OFF CTRL}
```

在端口规范中，第一个参数是端口名称，第二个参数是网络名称。以下电源开关规范还包含了一个休眠确认端口，如图 8.6 所示。

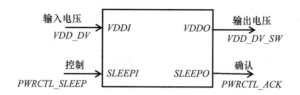

图 8.6　带有确认的电源开关

```
create_power_switch PD_GPU_SW \
  -domain PD_GPU \
  -input_supply_port {VDDI VDD_DV} \
  -output_supply_port {VDDO VDD_DV_SW} \
  -control_port {SLEEPI PWRCTL_SLEEP} \
  -control_sense high \
  -ack_port {SLEEPO PWRCTL_ACK} \
  -ack_delay {SLEEPO 1} \
  -on_state {on_state VDD_DV !PWRCTL_SLEEP}
  -off_state {off_state PWRCTL_SLEEP}
```

8.8　映射电源开关

此命令指定了从工艺库中使用哪个单元来创建电源开关。

```
map_power_switch PD_GPU_SW \
  -domain PD_GPU \
  -lib_cells PMK/HEADBUF16
```

8.9　供电端口的状态

add_port_state 命令向供电端口添加状态信息。它指定了端口可能的状态列表。每个状态都被指定状态名称和电压级别。状态名称用于稍后定义所有可能的操作状态。电压级别可以是单个值、两个值（最小和最大）或三个值的集合（最小、标称和最大），或关闭（**off**）。

```
add_port_state PD_GPU_SW/VDDO \
  -state {SH_PD_GPU 0.99} \
  -state {SL_PD_GPU 0.79 0.81} \
  -state {OFF_STATE off}
```

```
add_port_state PD_TOP_SW/VDDA_SW \
  -state {S_PD_TOP 0.9 1.0 1.1} \
  -state {OFF_STATE off}
```

8.10　电源状态表

电源状态表用于定义设计中可以存在的合法状态组合。电源状态表按照电源电平来捕捉设计中的所有可能操作模式。

```
create_pst PD_GPU_PST \
  -supplies {PN1 PN2 SOC/OTC/PN3 FSW/PN4}
```

上述命令创建了一个名为 *PD_GPU_PST* 的电源状态表，并列出四个端口。

add_pst_state 命令定义每个电源状态的端口或网络状态值的组合。

```
add_pst_state PST0 -pst PD_GPU_PST \
  -state {S0p8 S1p0 S0p9 S1p1}
```

上面的命令定义了电源状态表 *PD_GPU_PST* 中的状态 *PST0*。以上命令中 **-state** 选项中的顺序与 **create_pst** 命令中状态列表的顺序相同，这意味着 *S0p8* 是端口 *PN1* 的状态值，*S1p0* 是端口 *PN2* 的状态值，*S0p9* 是端口 *SOC/OTC/PN3* 的状态值，*S1p1* 是端口 *FSW/PN4* 的状态值。以下是另一个实例。

```
create_pst PST_Y \
  -supplies {VDD GPRS/VDDG1 INST/VDDI}
add_pst_state PST_ST1 \
  -pst PST_Y -state {S0 GPRS_S1 INST_S0}
add_pst_state PST_ST2 \
  -pst PST_Y -state {S0S0S0}
add_pst_state PST_ST3 \
  -pst PST_Y -state {S0S0S1}
add_pst_state PST_ST4 \
  -pst PST_Y -state {S0 off off}
```

这些状态显示了有效的电源状态和每个状态的电压分配。

另一个状态表的实例如表 8.1 所示。以下描述显示了如何使用 UPF 将其映射到电源状态表。

表 8.1　电源状态表

状态	VDDG	VDD_ON	VDD_SW
PST1	0.8	1.0	1.0
PST2	0.8	1.2	1.2
PST3	0.8	1.0	关闭
PST4	0.8	1.2	关闭

```
# 首先定义端口的状态:
add_port_state VDDG \
  -state {S0p8 0.8}
add_port_state VDD_ON \
  -state {S1p0 1.0} \
  -state {S1p2 1.2}
add_port_state VDD_SW \
  -state {S1p0 1.0} \
  -state {S1p2 1.2} \
  -state {sw_off off}

create_pst PST_Z \
  -supplies {VDDG VDD_ON VDD_SW}
add_pst_state PST1 -pst PST_Z \
  -state {S0p8 S1p0 S1p0}
add_pst_state PST2 -pst PST_Z \
  -state {S0p8 S1p2 S1p2}
add_pst_state PST3 -pst PST_Z \
  -state {S0p8 S1p0 sw_off}
add_pst_state PST4 -pst PST_Z \
  -state {S0p8 S1p2 sw_off}
```

8.11　电平移位器规格

set_level_shifter 命令用于指定插入电平移位器的策略。电平移位器会被插入到所有源电压和目标电压不同（即源电压和目标电压在不同的电源域中）的网络上。

```
set_level_shifter strategy_name \
  -domain_name domain_name \
  [-element port_pin_list] \
  [-applies_to inputs | outputs | both] \
  [-threshold float] \
  [-rule low_to_high | high_to_low | both ] \
  [-location self | parent | fanout | automatic ] \
  [-non_shift]
```

-element 选项指定了应用电平移位策略的域中的端口和引脚列表。-threshold 选项指定了在插入电平移位器之前的电压差异。-rule 选项的 low_to_high 值指定仅在从低电压到高电压时插入电平移位器。both 值表示在从低电压到高电压或从高电压到低电压时都添加电平移位器。-location 选项指定了放置电平移位器的位置。self 值表示将电平移位器放在正在进行电平移位的域内。parent 值指定将电平移位器放在父域中。fanout 值指定将电平移位器放在端口或引脚的所有扇出域中。automatic 值表示工具可以自由选择任何位置。以下是一个适用于电源域输入的电平移位策略实例。

```
set_level_shifter LS_INPUTS \
  -domain PD_SHUTDOWN \
  -applies_to inputs \
  -rule low_to_high \
  -location self
```

以下是一个描述输出的电平移位策略的实例。

```
set_level_shifter LS_OUTPUTS \
  -domain PD_SHUTDOWN \
  -applies_to outputs \
  -rule high_to_low \
  -location parent
```

图 8.7 显示了电平移位器的放置位置，取决于它们是位于电源域内还是父域内。

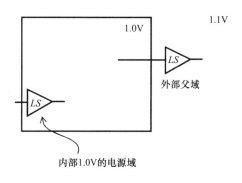

图 8.7　电平移位器放置

8.12 隔离策略

set_isolation 命令用于定义电源域的隔离策略。以下是该命令语法：

```
set_isolation isolation_strategy_name \
  -domain power_domain \
  [-isolation_power_net isolation_power_net] \
  [-isolation_ground_net isolation_ground_net] \
  [-clamp_value {0 | 1 | latch} \
  [-applies_to {inputs | outputs | both}] \
  [-elements objects] \
  [-no_isolation]
```

至少指定 **-isolation_power_net** 或 **-isolation_ground_net** 中的一个。这些网络指定了给隔离逻辑供电的网络。这些选项的默认值分别为主电源和主接地。**-no_isolation** 选项适用于使用 **-elements** 选项指定的元素列表中不需要被隔离的元素。当 **-elements** 选项不存在时，它适用于电源域中的所有单元。**-clamp_value** 选项指定隔离输入或输出锁定时的值。当隔离信号变为活动态时，**-clamp_value** 值为 latch 会导致非隔离端口的值被锁存。**-applies_to** 选项指定电源域中将被隔离的部分。

每个 **set_isolation** 命令必须有一个相应的 **set_isolation_control** 命令，除非使用了 **-no_isolation** 选项。**set_isolation_control** 命令包含隔离控制信号的规范。以下是该命令语法：

```
set_isolation_control isolation_strategy_name \
  -domain power_domain \
  -isolation_signal isolation_signal \
  [-isolation_sense {low | high}] \
  [-location {self | parent}]
```

isolation_signal 只能是一个网络，不能是端口或引脚。**isolation_sense** 指定隔离模式下隔离单元的逻辑状态。**location** 值为 **self** 表示将隔离单元放置在当前层次结构内，值为 **parent** 表示将隔离单元放置在父模块中。以下是隔离策略的定义以及相应的隔离控制规范的实例。

```
set_isolation ISO_OUTPUT \
  -domain PD_SHUTDOWN \
  -isolation_power_net VDDG \
```

```
 -isolation_ground_net VSS \
 -clamp_value 0 \
 -applies_to outputs
set_isolation_control ISO_OUTPUT \
 -domain PD_SHUTDOWN \
 -isolation_signal ISOLATE_CTRL \
 -isolation_sense low \
 -location parent
```

8.13　保持策略

set_retention 命令指定要将电源域中的哪些寄存器设为保持寄存器，并确定保存和恢复信号。**-elements** 指定的所有寄存器都具有保持功能。以下是该命令的语法：

```
set_retention retention_strategy_name \
 -domain domain_name \
 -retention_power_net retention_power_net \
 -retention_ground_net retention_ground_net \
 [-elements objects]
```

必须至少指定电源网络或接地网络中的一个。对象列表可以包括模块的实例。保持电源和接地网络连接到保存和恢复逻辑以及影子寄存器。如果未指定 **elements** 字段，则等效于使用用于定义电源域的元素列表。

每个保持策略必须有一个相应的 **set_retention_control** 命令。此命令允许指定保持控制信号及其状态。其语法如下：

```
set_retention_control ret_strategy_name \
 -domain domain_name \
 -save_signal [save_signal {high | low}] \
 -restore_signal [restore_signal {high | low}]
```

save_signal 用于指定保存影子寄存器中数据的网络（不能是端口或引脚），以及触发此操作的保存信号的逻辑状态。**restore_signal** 以类似的方式指定。以下是一些实例。

```
set_retention UP_RET_POLICY \
 -domain PD_UP \
 -retention_power_net VDDG \
 -retention_ground_net VSS
```

```
set_retention_control UP_RET_POLICY \
  -domain PD_UP \
  -save_signal {NSAV low} \
  -restore_signal {RETN high}

set_retention MULT_RET \
  -domain PD_A \
  -retention_power_net VDDB \
  -retention_ground_net VSS
```

通常，电源控制器会生成状态保持所需的信号。图 8.8 给出了一个实例。

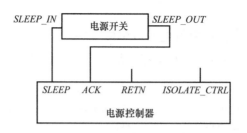

图 8.8　带有保持信号的电源控制器

8.14　映射保持寄存器

map_retention_cell 命令提供了一种指定保持寄存器所需单元的机制。以下是语法。

```
map_retention_cell ret_strategy_name \
  -domain domain_name \
  [-lib_cells lib_cells] \
  [-lib_cell_type lib_cell_type] \
  [-lib_model_name lib_cells_name] \
  [-elements objects]
```

-lib_cells 指定用于保持映射的目标库单元列表。**-lib_cell_type** 指定用于识别所需的保持类型单元的属性。**-lib_model_name** 指定此策略的库单元名称。**-elements** 指定适用于映射命令的寄存器元素。以下是一个实例。

```
map_retention_cell MULT_RET \
  -domain PD_A \
  -lib_cells RSDFF_X8T40
```

8.15 Mychip 实例

图 8.9 给出了一个用于描述 UPF 的设计实例。顶层 *MYCHIP* 始终以 1.0V 保持开启状态。模块 *CPU* 为 0.9V，也始终保持开启状态。模块 *DSP* 为 1.1V 或 0.9V，并在这两个供电电压之间切换。模块 *COP* 为 1.0V，但可以关闭，它具有保持寄存器，以便可以在关机时保存其状态。电源控制器是顶层的一个模块，提供用于处理电源切换的各种控制信号。

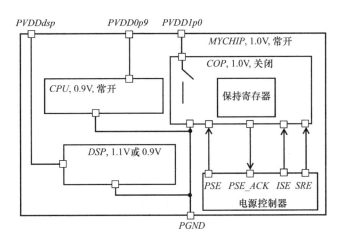

图 8.9 一个多电源域的例子

该实例设计有四个电源域：

1）*PD_MYCHIP*：1.0V，始终开启，与顶层 *MYCHIP* 中的逻辑关联。

2）*PD_CPU*：0.9V，始终开启，与模块实例 *U_CPU* 中的逻辑关联。

3）*PD_COP*：1.0V，关机，与模块实例 *U_COP* 中的逻辑关联。

4）*PD_DSP*：1.1V 或 0.9V，外部切换，与模块实例 *U_DSP* 中的逻辑关联。

表 8.2 所示为电源模式表，即设计的各种电源工作模式。

表 8.2 电源工作模式

电源模式	*PD_MYCHIP*	*PD_CPU*	*PD_COP*	*PD_DSP*
PM1	1.0V	0.9V	1.0V	1.1V
PM2	1.0V	0.9V	关闭	1.1V
PM3	1.0V	0.9V	1.0V	0.9V
PM4	1.0V	0.9V	关闭	0.9V

电源控制器块生成必要的控制信号来控制电源域。这些信号如表 8.3 所示。

表 8.3　电源控制器信号

电源域	电源切换规则	隔离规则	状态保持规则
PD_COP	U_PC.PSE（输入到开关） U_PC.PSE_ACK（从开关输出）	U_PC.ISE	U_PC.SRE

以下是 *MYCHIP* 实例的 UPF 文件：

```
# 文件：mychip.upf
#
# 设置作用域为顶层：
set_scope
# 声明电源域：
create_power_domain PD_MYCHIP -include_scope
create_power_domain PD_CPU -elements {U_CPU}
create_power_domain PD_DSP -elements {U_DSP}
create_power_domain PD_COP -elements {U_COP}

# 在顶层创建电源网络：
create_supply_net VDD1p0 -domain PD_MYCHIP -reuse
create_supply_net VDDdsp -domain PD_MYCHIP -reuse
create_supply_net VDD0p9 -domain PD_MYCHIP -reuse
create_supply_net GND -domain PD_MYCHIP -reuse

# 在 PD_CPU 中创建电源网络：
create_supply_net VDD0p9 -domain PD_CPU
create_supply_net GND -domain PD_CPU

# 在 PD_DSP 中创建电源网络：
create_supply_net VDDdsp -domain PD_DSP
create_supply_net GND -domain PD_DSP

# 在 PD_COP 中创建电源网络：
create_supply_net VDD1p0 -domain PD_COP
create_supply_net VDD1p0_SW -domain PD_COP
create_supply_net GND -domain PD_COP

# 在顶层创建电源端口：
create_supply_port PVDD1p0 -domain PD_MYCHIP
create_supply_port PVDD0p9 -domain PD_MYCHIP
create_supply_port PVDDdsp -domain PD_MYCHIP
create_supply_port PGND -domain PD_MYCHIP

# 在 PD_CPU 中创建电源端口：
create_supply_port PVDD0p9 -domain PD_CPU
create_supply_port PGND -domain PD_CPU
```

```
# 在 PD_DSP 中创建电源端口：
create_supply_port PVDDdsp -domain PD_DSP
create_supply_port PGND -domain PD_DSP

# 在 PD_COP 中创建电源端口：
create_supply_port PVDD1p0 -domain PD_COP
create_supply_port PGND -domain PD_COP

# 连接顶层电源端口和网络：
connect_supply_net VDD1p0 -ports PVDD1p0
connect_supply_net VDD0p9 -ports PVDD0p9
connect_supply_net VDDdsp -ports PVDDdsp
connect_supply_net GND -ports PGND

# 连接顶层到 PD_CPU：
connect_supply_net VDD0p9 -ports {U_CPU/PVDD0p9}
connect_supply_net GND -ports {U_CPU/PGND}

# 连接顶层到 PD_DSP：
connect_supply_net VDDdsp -ports {U_DSP/PVDDdsp}
connect_supply_net GND -ports {U_DSP/PGND}

# 连接顶层到 PD_COP：
connect_supply_net VDD1p0 -ports {U_COP/PVDD1p0}
connect_supply_net GND -ports {U_COP/PGND}

# 在 PD_CPU 内部连接：
connect_supply_net VDD0p9 \
  -ports PVDD0p9 -domain PD_CPU
connect_supply_net GND -ports PGND -domain PD_CPU

# 在 PD_DSP 内部连接：
connect_supply_net VDDdsp \
  -ports PVDDdsp -domain PD_DSP
connect_supply_net GND -ports PGND -domain PD_DSP

# 在 PD_COP 内部连接：
connect_supply_net VDD1p0 \
  -ports PVDD1p0 -domain PD_COP
connect_supply_net GND -ports PGND -domain PD_COP

# 指定主电源网络：
set_domain_supply_net PD_MYCHIP \
  -primary_power_net VDD1p0 \
  -primary_ground_net GND
set_domain_supply_net PD_CPU \
  -primary_power_net VDD0p9 \
  -primary_ground_net GND
set_domain_supply_net PD_DSP \
  -primary_power_net VDDdsp \
  -primary_ground_net GND
set_domain_supply_net PD_COP \
```

```
  -primary_power_net VDD1p0_SW \
  -primary_ground_net GND
# 定义 PD_COP 的隔离策略和控制：
set_isolation PD_COP_ISO \
  -domain PD_COP \
  -isolation_power_net VDD1p0 \
  -isolation_ground_net GND \
  -applies_to outputs \
  -clamp_value 0

set_isolation_control PD_COP_ISO \
  -domain PD_COP \
  -isolation_signal U_PC/ISE \
  -isolation_sense low \
  -location self

# 定义 PD_CPU 的电平移位策略和控制：
set_level_shifter FROM_PD_CPU_LST \
  -domain PD_CPU \
  -applies_to outputs \
  -rule low_to_high \
  -location parent

set_level_shifter TO_PD_CPU_LST \
  -domain PD_CPU \
  -applies_to inputs \
  -rule high_to_low \
  -location self

# 定义 PD_DSP 的电平移位策略和控制：
set_level_shifter FROM_PD_DSP_LST \
  -domain PD_DSP \
  -applies_to_outputs \
  -rule low_to_high \
  -location parent

set_level_shifter TO_PD_DSP_LST \
  -domain PD_DSP \
  -applies_to inputs \
  -rule high_to_low \
  -location self

# 声明 PD_COP 的开关：
create_power_switch PD_COP_SW \
  -domain PD_COP \
  -input_supply_port {VDDG VDD1p0} \
  -output_supply_port {VDD VDD1p0_SW} \
  -control_port {SLEEP U_PC/PSE} \
  -ack_port {SLEEPOUT U_PC/PSE_ACK} \
  -ack_delay {SLEEPOUT 10} \
```

```
    -on_state {SW_on VDDG !SLEEP} \
    -off_state {SW_off SLEEP}

# 指定开关类型:
map_power_switch PF_COP_SW \
  -domain PD_COP \
  -lib_cells HEADBUF_T50

# 指定隔离电路类型:
map_isolation_cell PD_COP_ISO \
  -domain PD_COP \
  -lib_cells {O2ISO_T50 A2ISO_T50}

# 指定保持策略:
set_retention PD_COP_RET \
  -domain PD_COP \
  -retention_power_net VDD1p0 \
  -elements {U_COP/reg1 U_COP/pc U_COP/int_state}

set_retention_control PD_COP_RET \
  -domain PD_COP \
  -save_signal {U_PC/SRE high} \
  -restore_signal {U_PC/SRE low}

# 添加端口状态:
add_port_state PVDD1p0 \
  -state {S1p0 1.0}
add_port_state PVDD0p9 \
  -state {S0p9 0.9}
add_port_state PVDDdsp \
  -state {SH1p1 1.1}\
  -state {SL1p1 0.9}
add_port_state PGND \
  -state {default 0}
add_port_state PD_COP_SW/VDD \
  -state {SW_on 1.0} \
  -state {SW_off off}

# 创建电源状态和状态表:
create_pst MYCHIP_pst -supplies \
  {VDD1p0 VDD0p9 VDDdsp PD_COP_SW/VDD}
add_pst_state PM1 -pst MYCHIP_pst -state \
  {S1p0 S0p9 SH1p1 SW_on}
add_pst_state PM2 -pst MYCHIP_pst -state \
  {S1p0 S0p9 SH1p1 SW_off}
add_pst_state PM3 -pst MYCHIP_pst -state \
  {S1p0 S0p9 SL1p1 SW_on}
add_pst_state PM4 -pst MYCHIP_pst -state \
  {S1p0 S0p9 SL1p1 SW_off}
```

完整的 UPF 语法可以在附录 B 中找到。

第 9 章

CPF 功耗规范

本章将介绍一种通用功耗格式（Common Power Format，CPF），它是另一种功耗规范语言。

9.1 简介

CPF 是由低功耗联盟 Si2[⊖] 推动的标准。该组织于 2008 年发布了 CPF 1.1，于 2011 年发布了 CPF 2.0（见参考文献 [CPF11]）。

CPF 是一种基于 TCL 实现、针对规范对象和设计对象进行操作的语言。设计对象是 RTL 中的模块、实例、网络、引脚或者端口。

CPF 语言可以用于表达以下三个方面的功耗设计意图：

1）电源域（power domain）：从物理、逻辑和分析的角度来划分；

2）电源逻辑（power logic）：例如电平移位器和隔离逻辑；

3）电源模式（power mode）：状态模式表和状态模式转换。

CPF 中的命令可以分为以下类别：

⊖ www.si2.org。

1）库命令；

2）分层支持命令；

3）通用命令；

4）电源模式命令；

5）设计和实现约束；

6）宏支持命令；

7）版本和验证支持命令。

9.2 库命令

9.2.1 定义常开单元

define_always_on_cell 命令用来定义常开单元。这些单元具有额外的电源和接地引脚，即使该实例所在的电源域已经关闭，这些额外的引脚仍然可以保持通电状态。

```
define_always_on_cell \
  -cells {AOBUF2 AOBUF3 AOBUF4} \
  -ground VSSG \
  -ground_switchable VSS \
  -power VDDG \
  -power_switchable VDD
```

其中 *AOBUF2*、*AOBUF3* 和 *AOBUF4* 单元是常开单元。**-ground** 和 **-power** 选项指定了那些始终通电的引脚。**-ground_switchable** 和 **-power_switchable** 选项指定了可开关电源域的引脚名。

9.2.2 定义全局单元

define_global_cell 命令用来定义具有多组电源引脚和接地引脚的单元。这类单元能够在局部电源引脚和局部接地引脚关闭的情况下，依旧保持功能行为。

```
define_global_cell \
  -cells NOR2X8_AON \
  -local_power VDD \
  -local_ground VSS \
  -global_power VDDG \
  -global_ground VSSG
```

如上文所说，即使 *NOR2X8_AON* 单元的局部电源 *VDD* 被关断，该单元也会保持工作。

9.2.3 定义隔离单元

define_isolation_cell 命令用来定义隔离单元。

```
define_isolation_cell \
  -cells ISO* \
  -enable EN \
  -valid_location from \
  -always_on_pins {Y Z}
```

其中 *ISO** 单元的使能引脚为 *EN*，且该隔离单元的有效位置在源电源域中。**-always_on_pins** 指定了与不可切断的电源和接地引脚相关的引脚列表。

9.2.4 定义电平移位器单元

define_level_shifter_cell 命令用来定义电平移位器单元。

```
define_level_shifter_cell \
  -cells LVL* \
  -input_voltage_range 1.2 \
  -output_voltage_range 0.8 \
  -direction down \
  -valid_location to
```

-cells 选项指定 *LVL** 为电平移位器单元。**-input_voltage_range** 选项指定此电平移位器的输入电压范围。**-output_voltage_range** 选项指定此电平移位器的输出电压范围。**-direction** 选项指定该电平移位器可以用于从较高电压域转换到较低电压域。**-valid_location** 选项指定电平移位器必须放置的目标电源域。

下面是另一个电平移位器单元实例。

```
define_level_shifter_cell \
  -cells LSLH* \
  -direction down \
  -valid_location either \
  -input_power_pin VL \
  -output_power_pin VH \
  -ground GND
```

当从较高的电压域进入较低的电压域时，可使用上面代码定义的单元。该单元可以放置在源电压域或目标电压域中。**-input_power_pin** 选项指定 LEF[⊖] 文件中必须连接到源电源域的电源引脚。**-output_power_pin** 选项指定 LEF 文件中必须连接到目标电源域的电源引脚。**-ground** 选项指定 LEF 文件中的接地引脚。

9.2.5　定义开放源极输入引脚

define_open_source_input_pin 命令用来定义包含开放源极输入引脚在内的单元列表。当驱动器的电源接通、输入引脚连接的单元电源断开时，这些开放源极输入引脚必须被隔离[⊖]。

```
define_open_source_input_pin \
  -cells OSL \
  -pin A0
```

9.2.6　定义焊盘单元

define_pad_cell 命令用来标识库中的焊盘单元。

```
define_pad_cell \
  -cells PDBX2 \
  -pad_pins PAD
```

⊖　LEF 文件包含单元物理布局的 IO 引脚描述（见参考文献 [BHA06]）。
⊖　当单元电源关断但驱动器电源打开时，隔离所有输入引脚是一种很好的设计做法。

9.2.7　定义电源钳位单元

define_power_clamp_cell 命令用来定义电源钳位控制二极管单元的列表。

```
define_power_clamp_cell⊖ \
  -cells PCMP \
  -data D \
  -power VDD \
  -ground VSS
```

其中 *D* 为数据引脚，*VDD* 为电源引脚，*VSS* 为接地引脚。

9.2.8　定义电源钳位引脚

define_power_clamp_pins 命令用来定义电源或接地钳位单元的列表。

```
define_power_clamp_pins \
  -cells PVDDCL \
  -data_pins IN
```

data_pins 选项指定具有钳位二极管的单元输入引脚列表。

9.2.9　定义电源开关单元

define_power_switch_cell 命令用来定义电源开关单元。

```
define_power_switch_cell \
  -cells {GEAD2 GEAD3} \
  -ground VSS \
  -power_switchable VDD \
  -power VDDG \
  -stage_1_enable SLEEP \
  -stage_1_output SLEEPOUT \
  -type header
```

-ground 选项指定 LEF 文件中的输入接地引脚。**-power_switchable** 选项指定

⊖　**define_power_clamp_cell** 命令已被 **define_power_clamp_pins** 命令取代。

LEF 文件中必须连接到可开关电源网络的输出电源引脚。**-power** 选项指定 LEF 文件中的输入电源引脚。**-stage_1_enable** 选项指定要打开开关必须满足值为 true 的表达式。**-stage_1_output** 选项指定开关的输出引脚。**-type** 选项指定该单元为 header 单元或者 footer 单元。

下面是该命令的另一个实例。

```
define_power_switch_cell \
  -cells PSCELL \
  -stage_1_enable !SL1IN \
  -stage_1_output SL1OUT \
  -stage_2_enable SL2IN \
  -stage_2_output !SL2OUT \
  -stage_1_on_resistance 200 \
  -stage_2_on_resistance 10\
  -type footer \
  -enable_pin_bias 0:0.2
```

当 *SL1IN* 端口为低电平时，第一级（*stage1*）晶体管导通。第一级晶体管的输出 *SL1OUT* 是输入端口 *SL1IN* 经缓冲后的输出。当 *SL2IN* 端口为高电平时，第二级（*stage2*）晶体管导通。第二级晶体管的输出 *SL2OUT* 是输入 *SL2IN* 的反相值。**-enable_pin_bias** 选项表明电源开关单元的使能引脚驱动电压最高可以达到 *VDD* + 0.2V。

9.2.10 定义相关电源引脚

define_related_power_pins 命令用来指定具有多组电源和接地引脚单元的电源引脚与数据引脚之间的关系。

```
define_related_power_pins \
  -data_pins pin_list \
  -cells cell_list \
  -power VDDG \
  -ground VSSG
```

-data_pins 选项指定输入和输出数据引脚的列表。**-cells** 选项指定电源和数据引脚之间的关系单元列表。

9.2.11 定义状态保持单元

define_state_retention_cells 命令指定状态保持单元。

```
define_state_retention_cells \
  -cells "DFRR" \
  -restore_function RETN
```

-restore_function 选项指定诱发保持单元在退出关闭模式之后恢复原值的表达式。表达式必须是常开表达式。

下面是该命令的另一个实例。

```
define_state_retention_cell \
  -cells "TSFF" \
  -power VDDC \
  -ground VSS \
  -power_switchable VDD \
  -restore_function "my_restore" \
  -restore_check "!CSAVE" \
  -save_function "!PG"
```

-restore_check 选项指定 *CSAVE* 必须保持为低电平才能保存时序单元的状态。**-save_function** 选项指定信号 *PG* 必须保持为低电平，状态才能够被保存。**-ground** 选项指定单元的接地引脚，**-power** 选项指定单元的电源引脚，同时也是单元处于关断时的电源引脚。**-power_switchable** 选项指定关机模式下可开关单元的电源引脚。

9.3 电源模式命令

9.3.1 创建模式

create_mode 命令定义了设计的一种模式。

```
create_mode \
  -name FUNC3 \
  -condition {PD_GPU@OFFV}
```

当电源域 *PD_GPU* 关断时, 设计处于 *FUNC3* 模式。

OFFV 定义如下:

```
create_nominal_condition -name OFFV -voltage 0
```

9.3.2 创建电源模式

`create_nominal_condition` 命令用来定义电源模式, 必须指定一种默认的电源模式。

```
        PDA      PDB      PDC
PM_A    on       1.0V     0.9V
PM_B    on       off      0.9V
PM_C    on       1.0V     1.0V
create_nominal_condition -name V0p9 -voltage 0.9
create_nominal_condition -name V1p0 -voltage 1.0
create_power_mode \
  -name PM_A \
  -default \
  -domain_conditions {PDA@on PDB@V1p0 PDC@V0p9}
create_power_mode -name PM_B \
  -domain_conditions {PDA@on PDB@off PDC@V0p9}
create_power_mode -name PM_C \
  -domain_conditions {PDA@on PDB@V1p0 PDC@V1p0}
```

`-default` 选项指定此模式对应于设计的初始状态。`-domain_conditions` 选项以 *domain_name@nominal_condition_name* 形式指定电源模式的条件。

9.3.3 指定电源模式转换方式

`create_mode_transition` 命令指定如何控制两种电源模式之间的转换以及每个电源域完成转换所需的时间。每个模式转换都涉及一个或多个电源域从旧条件到新条件的变化过程。其中, 开始和结束条件用于验证工具中。类似地, 转换时间可用于仿真每个模式转换所需的延迟。

其语法形式如下:

```
create_mode_transition \
  -name string \
  -from_mode power_mode \
  -to_mode power_mode \
  { -start_condition expression \
    [-end_condition expression] \
    [-cycles [integer:]integer \
      -clock_pin clock_pin \
    | -latency [float:]float] \
  }
```

这里有两个例子：

```
create_mode_transition \
  -name A2B \
  -from_mode PM_A \
  -to_mode PM_B \
  -start_condition {!UPC/INIT} \
  -clock_pin {UPC/PCLK} \
  -cycles 100
create_mode_transition \
  -name CMP \
  -from PMA \
  -to PMB \
  -latency 12 \
  -start_condition RSTB
```

在第二个例子中，从 *PMA* 到 *PMB* 的模式转换由信号 *RSTB* 控制。从一种模式转换到另一种模式所需的时间由 **-latency** 选项来指定。

9.3.4　设置电源模式控制组

set_power_mode_control_group 命令将一系列电源域组合成电源模式控制组。此命令与 **end_power_mode_control_group** 命令一起，组成了一套仅适用于该组的 CPF 命令。仅允许在该组中指定以下的 CPF 命令：**create_analysis_view**、**create_mode_transition**、**create_power_mode** 和 **update_power_mode**。

```
set_power_mode_control_group \
  -name PMCG1 \
  -domains {PD1 PD2}
```

-domains 选项用于指定组内的电源域列表。

9.3.5　结束电源模式控制组设置

end_power_mode_control_group 命令与 **set_power_mode_control_group** 结合使用，它将一组 CPF 命令相关联起来。

```
end_power_mode_control_group
```

9.4　设计和实现约束

9.4.1　创建分析视图

create_analysis_view 命令创建一个分析视图，并将操作角列表与给定模式相关联。

```
create_analysis_view \
  -name SLOW_VIEW \
  -mode PM1 \
  -domain_corners {PDcore@120v_fast \
                   PDalu@120v_slow}
```

-name 选项指定分析视图的名称。**-mode** 选项指定一个模式，该模式必须是先前使用 **create_power_mode** 创建过的。

9.4.2　创建偏压网络

create_bias_net 命令指定一个偏压网络，可用作正向体偏置晶体管或反向体偏置晶体管的电源。

```
create_bias_net \
  -net VGG_BIAS \
  -driver VGGB
```

VGG_BIAS 网络被声明为由 *VGGB* 引脚驱动的偏压网络。

9.4.3 创建全局连接

create_global_connection 命令指定全局网络如何连接到指定的引脚或端口。

```
create_global_connection \
  -net N0 \
  -pins {P1 P2 P3}
```

上述表明，全局连接适用于整个设计的指定引脚。可以使用 **-domain** 或 **-instances** 选项来限定引脚的全局连接。

9.4.4 创建接地网络

create_ground_nets 命令指定接地网络。下面是其语法和实例。

```
create_ground_nets \
  -nets list_of_nets \
  [-voltage {float | voltage_range}] \
  [-external_shutoff_condition expression | \
    -internal] \
  [-user_attributes string_list] \
  [-peak_ir_drop_limit float] \
  [-average_ir_drop_limit float]
create_ground_nets \
  -nets VSS \
  -voltage 0.0
```

-voltage 选项指定施加到 *VSS* 网络的电压。

9.4.5 创建隔离规则

create_isolation_rule 命令指定要隔离的网络。它指定当源或目标的电源域关闭时需要隔离的网络列表。在大多数情况下，当源（或驱动）关闭但目标仍然打开时，需要隔离单元。在大多数情形下，当源打开而目标电源域关闭时，不需要隔离单元。

```
create_isolation_rule \
  -name ISO_RULE1 \
```

```
-from PD_BLK1 \
-isolation_condition {!UPC/PAU} \
-isolation_output low \
-isolation_target from
```

隔离规则的名称是 *ISO_RULE1*。**-from** 选项指定一个电源域，所有网络都需要与该电源域隔离。**-isolation_condition** 选项指定这些网络被隔离需要满足的条件。**-isolation_output** 选项指定隔离条件为真时隔离单元的输出值。**-isolation_target** 选项指定当前网络的驱动器（也可以是 **-to** 指定网络的接收器）关闭时应用的规则。

在下面的例子中：

```
create_isolation_rule \
  -name PD_ALU_ISO \
  -from PD_ALU \
  -to PD_TOP \
  . . .
```

隔离规则 *PD_ALU_ISO* 适用于在 *PD_ALU* 电源域中具有驱动器并且在 *PD_TOP* 电源域中具有驱动目标的所有网络。

9.4.6　创建电平移位器规则

create_level_shifter_rule 命令定义了添加电平移位器的规则。

```
create_level_shifter_rule \
  -name LS0 \
  -to PD_COP \
  -exclude U0/Z
```

规则的名称是 *LS0*，所有进入 *PD_COP* 电源域的网络都将进行电平移位。**-exclude** 选项指定网络中不进行电平移位的引脚。

9.4.7　创建标称条件

create_nominal_condition 命令创建具有指定电压的操作条件。

```
create_nominal_condition \
  -name NCONDA \
  -voltage 1.1 \
  -ground_voltage 0.0 \
  -state off \
  -pmos_bias_voltage 0.2 \
  -nmos_bias_voltage 0.2
```

-voltage 选项指定电源电压。-ground_voltage 选项指定接地电压。-state 选项指定使用此标称条件时电源域的状态。-pmos_bias_voltage 选项指定 p 型晶体管的体偏置电压。-nmos_bias_voltage 选项指定 n 型晶体管的体偏置电压。

9.4.8　创建操作角

create_operating_corner 命令定义了一个操作角，并将其与先前使用 define_library_set 命令定义的库集链接。

```
create_operating_corner \
  -name FAST1P2V \
  -voltage 1.2 \
  -temperature 0C \
  -library_set FF_LIBS
```

操作角的名称是 *FAST1P2V*。它的工作电压为 1.2V，工作温度为 0℃，并与名称为 *FF_LIBS* 的库集相关联。

9.4.9　创建焊盘规则

create_pad_rule 命令指定焊盘实例到顶层电源域的映射。

```
create_pad_rule \
  -name MYCHIP_PAD_RULE \
  -mapping {{CIN PD_MYCHIP} {DEFAULT PD_IO}}
```

焊盘规则 *MYCHIP_PAD_RULE* 指定焊盘引脚 *CIN* 属于 *PD_MYCHIP* 电源域，所有其他焊盘引脚属于 *PD_IO* 电源域。

9.4.10　创建电源域

`create_power_domain` 命令定义一个电源域并指定了属于该电源域的所有实例。

```
create_power_domain \
  -name PD_top \
  -default
```

`-default` 选项指定这是默认电源域。不与任何电源域关联的实例都属于默认电源域。

在下面的例子中:

```
create_power_domain \
  -name PD_A \
  -instances U_BLKA
```

实例 *U_BLKA* 及其所有子实例都属于 *PD_A* 电源域。

这是另一个例子:

```
create_power_domain \
  -name PD_B \
  -instances {U_BLKB UBLKC} \
  -shutoff_condition U_PC/SWITCH
```

`-shutoff_condition` 选项指定 *PD_B* 电源域关闭时的条件。*SWITCH* 是电源控制器模块 *U_PC* 的一个端口。

在下面的例子中:

```
create_power_domain \
  -name PD_C \
  -instances U_BLKC \
  -shutoff_condition U_PC/blkc_shutoff \
  -power_up_states low \
  -active_state_conditions nom_cond@foo \
  -boundary_ports {A B C}
```

-power_up_states 选项指定电源域中非状态保持单元的上电初始状态。**-active_state_conditions** 指定考虑电源域打开的布尔条件。**-boundary_ports** 选项指定电源域的输入和输出列表。

9.4.11 创建电源网络

create_power_nets 命令定义了一个电源网络列表。

```
create_power_nets \
  -nets {VDD1 VDD3} \
  -voltage 1.2
```

VDD1 和 *VDD3* 是电压为 1.2V 的电源网络。下面是另一个例子。

```
create_power_nets \
  -nets VDD2 \
  -voltage 0.8v \
  -external_shutoff_condition WATCH_F1 \
  -average_ir_drop_limit 0.03 \
  -peak_ir_drop_limit 0.05
```

VDD2 网络由外部电源供电，**-external_shutoff_condition** 选项指定关闭电源网络的条件。IR 压降[⊖] 限制（**peak_ir_drop_limit**）指定了网络上允许的平均和峰值 IR 压降。下面是另一个例子。

```
create_power_nets \
  -nets {VDD_core VDD_alu} \
  -internal
```

-internal 选项指定网络由片上电源开关驱动。

9.4.12 创建电源开关规则

create_power_switch_rule 命令指定片上电源开关如何将外部电源和接地网络连接到指定电源域的电源和接地网络。

⊖ 电源网络中的电压降。

```
create_power_switch_rule \
  -name PSR_AU \
  -domain PD_AU \
  -external_power_net VDD1
```

-external_power_net 选项指定电源开关的源引脚要连接到的外部电源网络（仅针对 header 单元）。下面是另一个例子。

```
create_power_switch_rule \
  -name PSR_CORE \
  -domain PD_CORE \
  -external_ground_net VSS1
```

-external_ground_net 选项指定接地开关的源引脚要连接到的外部接地网络（仅针对 footer 单元）。

9.4.13　创建状态保持规则

create_state_retention_rule 命令指定域中要用状态保持寄存器替换的寄存器。

```
create_state_retention_rule \
  -name SRR_A \
  -domain PD_A \
  -restore_edge {!PCU/PRF}
```

状态保持规则 *SRR_A* 适用于 *PD_A* 电源域。**-restore_edge** 选项指定恢复状态的条件。当 *PRF* 变高时，触发器进入保持模式。当 *PRF* 变低时，触发器保持模式结束，保存的数据出现在触发器的输出上。下面是另一个例子。

```
create_state_retention_rule \
  -name SRR_B \
  -instances {INST1 INST2} \
  -exclude {INST1/FF1 INST2/FF4} \
  -save_edge PRF \
  -save_precondition RST_B \
  -target_type flop
```

状态保持规则 *SRR_B* 仅适用于指定的实例。**-exclude** 选项指定要从保持中排除的触发器。**-save_edge** 选项指定导致保存状态的条件。**-target_type** 选项表示只有触发器会被替换（除了 **flop** 之外，选项还有 **latch** 和 **both**）。

保持信号应该在电源域关闭之前来自父级。电源域恢复后，恢复信号被激活，寄存器值被恢复。该命令指定要映射到保持寄存器的寄存器列表。如果不存在 **-instances** 选项，则它适用于该电源域中的所有触发器。

9.4.14　定义库集合

define_library_set 命令定义一组库。

```
define_library_set \
  -name LIBSET_A \
  -libraries {stdcell.lib iocell.lib}
```

9.4.15　标识常开驱动器

identify_always_on_driver 命令指定设计中必须由常开缓冲器或常开反相器驱动的引脚列表。

```
identify_always_on_driver \
  -pins {U0/S1 U1/U5/Z}
```

9.4.16　标识电源逻辑

identify_power_logic 命令表示在设计中实例化的任何隔离逻辑。

```
identify_power_logic \
  -type isolation \
  -instances {U0 U1 U2}
```

9.4.17　标识次级域

identify_secondary_domain 命令为具有多个电源和接地引脚的指定实例标识次级电源域。

```
identify_secondary_domain \
  -secondary_domain VDDA \
  -instances {U0 U1} \
  -domain PDA
```

PDA 域中的实例 *U0* 和 *U1* 具有多个电源和接地引脚。

9.4.18　指定等效控制引脚

set_equivalent_control_pins 命令指定一个与主控制引脚等效的引脚列表。

```
set_equivalent_control_pins \
  -master pinA \
  -pins {pinA pinB} \
  -domain PDA
```

-domain 选项指定以主控制引脚作为部分关断条件的域。**-master** 指定主控制引脚的名称。

9.4.19　指定输入电压公差

set_input_voltage_tolerance 命令指定在不需要电平移位器的情况下，指定引脚可以容忍的输入电压范围。

```
set_input_voltage_tolerance \
  -power -0.2:0.2 \
  -ground -0.1
```

在不需要电平移位器的情况下，输入电源电压可以比标准工作电压低 0.2V 或者高 0.2V，输入地电压可以比标准接地电压低 0.1V。

9.4.20　设置功耗目标

set_power_target 命令指定设计的平均泄漏功耗目标和平均动态功耗目标。使用 **set_power_unit** 命令指定功耗单位。

```
set_power_target \
  -leakage 2.11 \
  -dynamic 5.5
```

9.4.21 设置开关活动性

`set_switching_activity` 命令用于指定引脚的翻转率和电平概率⊖。

```
set_switching_activity \
  -all \
  -probability 0.2 \
  -toggle_rate 1
```

`-all` 选项指定开关活动性应用于设计的所有引脚。`-probability` 值应该介于 0 和 1 之间，此处指定该静态概率值是 0.2。`-toggle_rate` 选项指定单位时间内的切换次数。如果时间单位是 ns，则值 1 指定引脚每 1 ns 切换一次，相当于 500MHz 的频率。

9.4.22 更新隔离规则

`update_isolation_rules` 命令将额外的实现信息添加到隔离规则中。

```
update_isolation_rules \
  -names {IR_A IR_B} \
  -location to \
  -cells {ISOH ISOL} \
  -prefix CPF_ISOR
```

这些规则必须是先前使用 `create_isolation_rule` 命令定义过的。`-location` 选项指定隔离逻辑将被插入到目标电源域的实例中。如果未指定这一选项，则默认为 `to`。`-prefix` 选项指定创建隔离逻辑时要使用的前缀。`-cells` 选项指定用作隔离单元的库单元名称。如果未指定这一选项，则使用默认 `define_isolation_cell` 指定的选项。

9.4.23 更新电平移位器规则

`update_level_shifter_rules` 命令将额外的实现信息添加到现有的电平移位器规则中。该命令是可选的，如果未进行指定，则应用 `define_level_shifter_cell` 命令的规则。

⊖ 与静态概率（static_probability）相同。

```
update_level_shifter_rules \
  -names {LSR_A LSR_B} \
  -location from \
  -cells CKLS \
  -prefix CPF_LS
```

这些规则必须是之前使用 create_level_shifter_rule 命令定义过的。-location 选项的 from 值指示电平移位器应放置在源电源域中。其默认值是 to。-cells 选项指定要用作电平移位器的库单元。-prefix 选项指定创建此逻辑时要使用的前缀。

9.4.24　更新标称条件

update_nominal_condition 命令将库集合与指定的标称条件相关联。

```
update_nominal_condition \
  -name high \
  -library_set WCL_120V
```

库集合必须在前面已经被 define_library_set 指令定义过。-name 选项指定标称条件的名称（之前使用 create_nominal_condition 命令定义过）。

9.4.25　更新电源域

update_power_domain 命令为电源域添加了其他实现。下面是语法。

```
update_power_domain \
  -name domain \
  [-instances instance_list] \
  [-boundary_ports port_list] \
  {-primary_power_net net \
  | -primary_ground_net net \
  | -equivalent_power_nets power_net_list \
  | -equivalent_ground_nets ground_net_list \
  | -pmos_bias_net net \
  | -nmos_bias_net net \
  | -deep_nwell_net net \
  | -deep_pwell_net net \
  | -user_attributes string_list \
```

```
    | -transition_slope [float:]float \
    | -transition_latency {from_nom latency_list} \
    | -transition_cycles {from_nom cycle_list \
                          clock_pin} \
}
```

下面是一个例子。

```
update_power_domain \
  -name PDcore \
  -primary_power_net VDD_core \
  -primary_ground_net VSS \
  -equivalent_ground_nets {V1 V2} \
  -equivalent_power_nets {P1 P2}
```

-name 选项指定电源域名称。-primary_power_net 选项指定电源域中所有门的主电源网络（前面已经用 create_power_nets 命令声明过）。-primary_ground_net 选项指定电源域中所有门的主接地网络（前面已经用 create_power_nets 命令声明过）。-equivalent* 选项指定一组等效于电源域中主电源网络（和接地网络）的电源网络。

9.4.26　更新电源模式

update_power_mode 命令指定电源模式中的附加约束。

```
update_power_mode \
  -mode PM1 \
  -sdc_files pm1.sdc
```

-mode 选项指定应用约束的模式。-sdc_files 选项指定模式的 SDC 文件列表。下面给出另一个例子。

```
update_power_mode \
  -name PM4 \
  -sdc_files pm4.sdc \
  -activity_file top.vcd \
  -activity_file_weight 0.5
```

-activity_file 选项指定活动文件的路径，文件格式可以是 VCD、[⊖] TCF[⊖] 或者 SAIF。**-activity_file_weight** 选项指定文件中活动的相对权重；这个数字可以是 0~100 中的任何数字。为了估计所有模式中的芯片总平均功耗，使用活动权重来调整每个电源模式的相对权重。

下面是此命令的完整选项列表。

```
update_power_mode \
  -name mode \
 { -activity_file file \
  -activity_file_weight weight \
 | -sdc_files sdc_file_list \
 | -setup_sdc_files sdc_file_list \
 | -hold_sdc_files sdc_file_list \
 | -peak_ir_drop_limit domain_voltage_list \
 | -average_ir_drop_limit domain_voltage_list \
 | -leakage_power_limit float \
 | -dynamic_power_limit float \
 }
```

9.4.27　更新电源开关规则

update_power_switch_rule 命令将附加信息更新到先前已经创建的电源开关规则中（使用 **create_power_switch_rule**）。

```
update_power_switch_rule \
  -name PS1 \
  -enable_condition_1 ENA \
  -enable_condition_2 ENB \
  -prefix PS_ \
  -cells HDMDCOL1X
```

-cells 选项指定将用作电源开关单元的库单元的名称。必须在它前面用 **define_power_switch_cell** 命令进行声明。**-enable_condition** 选项指定要启用电源开关的条件；*stage1* 和 *stage2* 各需要一个。**-name** 选项是电源开关规则，必须在前面使用 **create_power_switch** 规则进行声明。**-prefix** 选项指定创建新逻辑时要使用的前缀：默

⊖　VCD 见参考文献 [BHA06]。
⊖　Toggle Count Format，翻转计数格式。

认前缀是"CPF_PS_"。

9.4.28　更新状态保持规则

update_state_retention_rules 命令使用其他信息更新指定的状态保持规则，该规则必须之前使用 **create_state_retention_rule** 命令创建过。下面是语法。

```
update_state_retention_rules \
  -names rule_list \
{ -cell_type string \
| -set_reset_control \
| -cells cell_list \
  [-use_model \
    -pin_mapping pin_mapping_list \
    [-domain_mapping domain_mapping_list]] \
}
```

下面是一个例子。

```
update_state_retention_rules \
  -names SL1 \
  -cells SRFD1S \
  -cell_type SRFD1S
```

-names 选项指定正在更新的规则。**-cells** 选项指定可用于映射时序单元的库单元列表。**-cell_type** 选项指定可用于映射触发器的库单元类，这些库单元必须先前使用 **define_state_retention_cell** 命令定义过。

9.5　分层支持命令

9.5.1　结束设计

end_design 命令与 **set_design** 或者 **update_design** 命令一起使用，定义要应用于设计的 CPF 命令组。

end_design MYCHIP

9.5.2　获取参数

get_parameter 命令返回一个参数值。参数必须已经使用 **set_design** 命令中的 **-parameters** 选项定义过。

get_parameter BYPASS_CHECK

9.5.3　设置设计

set_design 命令指定后面的 CPF 命令所适用设计的名称。

```
set_design RX \
  -ports {VP1 VP2} \
  -parameters {{A 1} {B 3}}
```

-ports 选项指定模块的虚拟端口列表。这些端口并不存在，因此被称之为虚拟端口，但需要为低功耗逻辑指定控制信号。**-parameters** 选项指定一系列参数和值。

9.5.4　设置实例

set_instance 命令将作用域更改为指定的实例。

```
set_instance INST1 \
  -port_mapping {{CTRL CPU/CTRL} \
    {SAVE CPU/SAVE}}
```

-port_mapping 选项指定将 **set_design** 命令中指定的虚拟端口映射到父设计中的驱动。

set_instance INST2 **-design** TOP

上面的例子为 *TOP* 指定一个先前加载的 CPF 模型，并链接到实例 *INST2*。

set_instance

返回当前的作用域。

9.5.5 更新设计

update_design 命令将自身与 **end_design** 命令之间指定的功耗设计意图添加到指定的功耗设计中。

```
update_design MYCHIP
. . . // CPF commands here.
end_design MYCHIP
```

9.6 通用命令

9.6.1 查找设计对象

find_design_objects 命令搜索并返回符合指定条件的设计对象。

```
find_design_objects *ISO \
  -pattern_type cell \
  -hierarchical
```

上面的命令搜索所有以 *ISO* 结尾的单元，并返回这些单元的列表。**-hierarchical** 选项使搜索从当前范围向下分层进行。

9.6.2 指定阵列的命名方式

set_array_naming_style 命令为 RTL 中多位数组指定网表中使用的命名样式。

```
set_array_naming_style \[%d]\
# 样式为 A[0]、A[1]、A[2] 等。
```

这也是默认的命名风格。

9.6.3 指定层次结构分隔符

set_hierarchy_separator 命令指定 CPF 描述中使用的层次结构分隔符。

set_hierarchy_separator /

默认的层次结构分隔符是"."。

9.6.4　指定功耗单位

set_power_unit 命令用于指定 CPF 文件中的功耗单位。

set_power_unit mW
可以为 pW、nW、uW 或 W。

set_power_unit
返回当前的功耗单位,默认是 mW。

9.6.5　指定寄存器的命名方式

set_register_naming_style 命令指定从 RTL 描述开始使用的触发器和锁存器的命名方式。

set_register_naming_style _flop%s

"_flop"和位数被附加到相应网表中的每个触发器和锁存器。默认的命名样式是附加
"_reg%s"。

set_register_naming_style
返回当前的设置。

9.6.6　指定时间单位

set_time_unit 命令为 CPF 文件指定时间单位。

set_time_unit ns
也可以是 μs 或 ms。默认是 ns。

set_time_unit
返回当前时间单位。

9.6.7　指定包含文件

include 命令可用于包括另一个 CPF 文件或一个 TCL 文件。

include ../IP/pll.cpf

9.7　宏支持命令

9.7.1　指定宏模型

set_macro_model 命令指定自定义 IP[⊖] 的 CPF 内容起点。宏模型被视为黑盒。

set_macro_model ram25x3
. . .
end_macro_model ram25x3

9.7.2　结束宏模型

end_macro_model 命令与 **set_macro_model** 命令配合使用，并封装了一组应用于宏模型的 CPF 命令。

end_macro_model [*macro_cell_name*]

9.7.3　指定模拟端口

set_analog_ports 命令用于标识设计中的顶层模拟端口。

set_analog_ports {ANA1 BANA}

⊖　知识产权（Intellectual Property）。

9.7.4　指定二极管端口

set_diode_ports 命令用于列出宏单元的端口，这些端口连接到宏单元内二极管的正极或负极引脚。

```
set_diode_ports \
  -positive {IN1 IN2} \
  -negative Z
```

9.7.5　指定浮空端口

set_floating_ports 命令指定宏单元的浮空端口，这些端口未连接到宏单元内的任何逻辑。

```
set_floating_ports {portA portB portC}
```

9.7.6　指定焊盘端口

set_pad_ports 命令指定宏单元的焊盘端口列表。

```
set_pad_ports {PACK PSYNC}
```

9.7.7　指定电源参考引脚

set_power_source_reference_pin 命令指定作为电源域电压参考的宏单元输入引脚。

```
set_power_source_reference_pin VREF \
  -domain PDCOP \
  -voltage_range 0.8:1.2
```

9.7.8　指定线馈通端口

set_wire_feedthrough_ports 命令指定仅通过一根导线在内部连接的输入和输出

端口列表。

```
set_wire_feedthrough_ports {A B C}
# 端口 A、B、C 只靠一根导线在内部连接。
```

9.8 版本和验证支持命令

9.8.1 指定 CPF 版本

set_cpf_version 命令指定正在使用的 CPF 版本。如果指定了该命令，则该命令必须是文件中的第一个命令。

```
set_cpf_version 2.0
# 默认是 1.1。
```

9.8.2 创建断言控制

可以使用 **create_assertion_control** 命令控制域中的断言。断言可以保持活动状态（默认）或关闭。

```
create_assertion_control \
  -name AC_1 \
  -assertions {A1 A2} \
  -type suspend \
  -shutoff_condition EN
```

断言控件的名称是 *AC_1*，它控制两个断言 *A1* 和 *A2*。当关闭条件为真时，这些将被挂起。如果未指定关闭条件，则当 *A1* 和 *A2* 的电源域关闭时，断言将挂起。

9.8.3 指定非法的域配置

assert_illegal_domain_configurations 命令断言指定的域条件和电源模式条件是非法的。

```
assert_illegal_domain_configurations \
  -name name \
  -domain_conditions \
    domain_name@nominal_condition_name \
  -group_modes group_name@power_mode_name
```

-domain_conditions 选项指定每个不合法的电源域的标称条件，域名必须是先前使用 create_power_domain 命令创建的。标称条件必须已使用 create_nominal_condition 命令创建。-group_modes 选项指定每个电源模式控制组的模式。每个控制组必须已使用 set_power_mode_control_group 命令创建。电源模式必须已使用 create_power_mode 命令创建。

9.8.4　指定仿真控制

set_sim_control 命令指定在关断或恢复电源时仿真过程中要采取的操作。

```
set_sim_control \
  -domains {PD_CPU PD_ALU} \
  -action disable_isolation
```

-action 选项的值 disable_isolation 指定应忽略从 CPF 推断的隔离逻辑。此选项的其他可能值包括：power_up_replay、disable_corruption 和 disable_retention。

9.9　CPF 文件格式

以下是 CPF 文件的典型格式。

```
set_cpf_version 1.1
set_design MYCHIP
set_hierarchy_separator /
# 定义库集合：
define_library_set . . .
```

```
# 定义常开单元：
define_always_on_cell . . .

# 定义隔离单元：
define_isolation_cell . . .

# 定义电源开关单元：
define_power_switch_cell . . .

# 创建电源网络和接地网络：
create_power_nets . . .
create_ground_nets . . .

# 创建电源域：
create_power_domain . . .
update_power_domain . . .
create_global_connection . . .

# 定义标称工作条件：
create_nominal_condition . . .
update_nominal_condition . . .

# 定义电源模式：
create_power_mode . . .

# 定义隔离逻辑插入规则：
create_isolation_rule . . .
update_isolation_rules . . .

# 定义状态保持寄存器规则：
create_state_retention_rule . . .
update_state_retention_rules . . .

# 定义电源开关插入规则：
create_power_switch_rule . . .
update_power_switch_rule . . .

# 定义操作角：
create_operating_corner . . .

end_design
```

9.10　Mychip 实例

以下是第 8 章中描述的 *MYCHIP* 实例的 CPF 文件。

```
set_cpf_version 2.0
set_design MYCHIP
set_hierarchy_separator /
```

```
# 定义库集:
set LIB_PATH /home/bond/generic/ip
set LIB_LIST [list ${LIB_PATH}/stdcell_wcl.lib \
  ${LIB_PATH}/io_wcl.lib]
define_library_set -name WCL_LIBS \
  -libraries $LIB_LIST

# 定义隔离单元:
define_isolation_cell \
  -cells {O2ISO_T50 A2ISO_T50} \
  -power VDD \
  -ground GND \
  -enable ISO \
  -valid_location to

# 定义电源开关单元:
define_power_switch_cell \
  -cells {HEADBUF_T50} \
  -type header \
  -power VDDG \
  -power_switchable VDD \
  -stage_1_enable SLEEP_IN \
  -stage_1_output SLEEP_OUT

# 创建电源网络和接地网络:
create_power_nets \
  -nets VDD1p0 \
  -voltage 1.0

create_power_nets \
  -nets VDDdsp \
  -voltage {0.9:1.1}

create_power_nets \
  -nets VDD0p9 \
  -voltage 0.9

create_ground_nets \
  -nets GND

# 创建电源域:
create_power_domain \
  -name PD_MYCHIP \
  -default

update_power_domain \
  -name PD_MYCHIP \
  -primary_power_net VDD1p0 \
  -primary_ground_net GND
```

```
create_global_connection \
  -domain PD_MYCHIP \
  -net VDD1p0 \
  -pins PVDD1p0

create_power_domain \
  -name PD_CPU \
  -instances {U_CPU}

update_power_domain \
  -name PD_CPU \
  -primary_power_net VDD0p9 \
  -primary_ground_net GND

create_global_connection \
  -domain PD_CPU \
  -net VDD0p9 \
  -pins PVDD0p9

create_power_domain \
  -name PD_DSP \
  -instances {U_DSP}

update_power_domain \
  -name PD_DSP \
  -primary_power_net VDDdsp \
  -primary_ground_net GND

create_global_connection \
  -domain PD_DSP \
  -net VDDdsp \
  -pins PVDDdsp

create_power_domain \
  -name PD_COP \
  -instances {U_COP}

update_power_domain \
  -name PD_COP \
  -primary_power_net VDD1p0_SW \
  -primary_ground_net GND

create_global_connection \
  -domain PD_COP \
  -net VDD1p0 \
  -pins PVDD1p0

# 定义标称工作条件:
create_nominal_condition \
  -name HIGHV \
```

```
  -voltage 1.1 \
  -state on
update_nominal_condition \
  -name HIGHV \
  -library_set BC_LIBS

create_nominal_condition \
  -name MEDV \
  -voltage 1.0 \
  -state on

update_nominal_condition \
  -name MEDV \
  -library_set TYP_LIBS

create_nominal_condition \
  -name LOWV \
  -voltage 0.9
  -state on

update_nominal_condition \
  -name LOWV \
  -library_set WCL_LIBS

create_nominal_condition \
  -name OFFV \
  -voltage 0 \
  -state off
```

定义电源模式:

```
create_power_mode \
  -name PM1 \
  -domain_conditions {PD_MYCHIP@MEDV PD_CPU@LOWV \
    PD_COP@MEDV PD_DSP@HIGHV}
create_power_mode \
  -name PM2 \
  -domain_conditions {PD_MYCHIP@MEDV PD_CPU@LOWV \
    PD_COP@OFFV PD_DSP@HIGHV}
create_power_mode \
  -name PM3 \
  -domain_conditions {PD_MYCHIP@MEDV PD_CPU@LOWV \
    PD_COP@MEDV PD_DSP@LOWV}
create_power_mode \
  -name PM4\
  -domain_conditions {PD_MYCHIP@MEDV PD_CPU@LOWV \
    PD_COP@OFFV PD_DSP@LOWV}
```

定义隔离逻辑插入规则:

```
create_isolation_rule \
  -name PD_COP_ISO \
```

```
  -from PD_COP \
  -isolation_condition {U_PC/ISE} \
  -isolation_target from \
  -isolation_output low

update_isolation_rules \
  -name PD_COP_ISO \
  -location to \
  -prefix COP_ISO

# 定义状态保持寄存器规则：
create_state_retention_rule \
  -name PD_COP_RET \
  -domain PD_COP \
  -restore_edge {U_PC/SRE}

update_state_retention_rules \
  -name PD_COP_RET \
  -cells {U_COP/reg1 U_COP/pc U_COP/int_state}

# 定义电源开关插入规则：
create_power_switch_rule \
  -name PD_COP_SW \
  -domain PD_COP \
  -external_power_net Vdd1p0

update_power_switch_rule \
  -name PD_COP_SW \
  -cells HEADBUF_T50 \
  -prefix COP_SW

# 定义操作角：
create_operating_corner \
  -name MAX_WCL \
  -voltage 0.9 \
  -library_set WCL_LIBS \
  -temperature 0 \
  -process 1

end_design
```

附　录

附录 A　SAIF 语法

本附录介绍了后向 SAIF、库前向 SAIF 和 RTL 前向 SAIF 文件的 SAIF 语法。

1. 完整的后向 SAIF 语法

以下是后向 SAIF 文件的完整语法。起始的非终结符是 *backward_saif_file*。

```
backward_leakage_spec ::=
  (LEAKAGE state_dep_timing_attributes
    {state_dep_timing_attributes} )

backward_instance_info ::=
  (INSTANCE [string] path {backward_instance_spec}
    {backward_instance_info} )
| (VIRTUAL_INSTANCE string path backward_port_spec )

backward_instance_spec ::=
  backward_net_spec
| backward_port_spec
| backward_leakage_spec

backward_net_info ::=
  (net_name net_switching_attributes)
```

```
backward_net_spec ::=
  (NET backward_net_info {backward_net_info})

backward_port_info ::=
  (port_name port_switching_attributes)

backward_port_spec ::=
  (PORT backward_port_info {backward_port_info})

backward_saif_file ::=
  (SAIFFILE backward_saif_header
   backward_saif_info)

backward_saif_header ::=
  backward_saif_version
  direction
  design_name
  date
  vendor
  program_name
  program_version
  hierarchy_divider
  time_scale
  duration

backward_saif_info ::= {backward_instance_info}

backward_saif_version := (SAIFVERSION string)

binary_operator ::= * | ^ | |

cond_expr ::=
  port_name
| unary_operator cond_expr
| cond_expr binary_operator cond_expr
| (cond_expr)

date ::= (DATE [string])

design_name ::= (DESIGN [string])

direction ::= (DIRECTION string)

duration ::= (DURATION rnumber)

edge_type := RISE | FALL

hierarchy_divider ::= (DIVIDER [hchar])

net_name ::= identifier

net_switching_attributes ::=
  {net_switching_attribute}
```

```
net_switching_attribute ::=
  simple_timing_attribute
| simple_toggle_attribute

path_dep_toggle_attributes ::=
  (path_dep_toggle_item {path_dep_toggle_item}
    [IOPATH_DEFAULT simple_toggle_attribute])

path_dep_toggle_item ::=
  IOPATH port_name {port_name}simple_toggle_attribute
port_name ::= identifier

port_switching_attributes ::=
  {port_switching_attribute}

port_switching_attribute ::=
  simple_timing_attribute
| simple_toggle_attribute
| state_dep_toggle_attributes
| path_dep_toggle_attributes
| sdpd_toggle_attributes

potential_pd_toggle_attributes :=
  path_dep_toggle_attributes
| simple_toggle_attribute

program_name ::= (PROGRAM_NAME [string])

program_version ::= (PROGRAM_VERSION [string])

timeunit ::= s | ms | us | ns | ps | fs

time_scale ::= (TIMESCALE [dnumber timeunit])

sdpd_default_toggle_item ::=
  COND_DEFAULT potential_pd_toggle_attributes
| COND_DEFAULT (edge_type)
    potential_pd_toggle_attributes
    [COND_DEFAULT (edge_type)
    potential_pd_toggle_attributes]

sdpd_toggle_attributes ::=
  (sdpd_toggle_item {sdpd_toggle_item}
    [sdpd_default_toggle_item])

sdpd_toggle_item ::=
  COND cond_expr [(edge_type)]
    potential_pd_toggle_attributes

sd_simple_timing_attributes ::=
  {sd_simple_timing_attribute}

sd_simple_timing_attribute ::=
  (T1 rnumber)
| (T0 rnumber)
```

```
simple_timing_attribute ::=
  (T0 rnumber)
| (T1 rnumber)
| (TX rnumber)
| (TZ rnumber)
| (TB rnumber)

simple_toggle_attribute ::=
  (TC rnumber)
| (TG rnumber)
| (IG rnumber)
| (IK rnumber)

state_dep_default_toggle_item ::=
  COND_DEFAULT simple_toggle_attribute
| COND_DEFAULT (edge_type) simple_toggle_attribute
    [COND_DEFAULT (edge_type)
      simple_toggle_attribute]

state_dep_timing_attributes ::=
  (state_dep_timing_item {state_dep_timing_item}
    [COND_DEFAULT sd_simple_timing_attributes])

state_dep_timing_item ::=
  COND cond_expr sd_simple_timing_attributes

state_dep_toggle_attributes ::=
  (state_dep_toggle_item {state_dep_toggle_item}
    [state_dep_default_toggle_item])

state_dep_toggle_item :=
  COND cond_expr [(edge_type)]
    simple_toggle_attribute

unary_operator ::= !

vendor ::= (VENDOR [string])
```

2. 完整的 RTL 前向 SAIF 语法

以下是 RTL 前向 SAIF 文件的完整语法。起始的非终结符是 *rforward_saif_file*。

```
date ::=
  (DATE [string])

design_name ::=
  (DESIGN [string])
```

```
direction ::=
  (DIRECTION string)

hierarchy_divider ::=
  (DIVIDER [hchar])

instance_name ::=
  hierarchical_identifier

mapped_name ::=
  hierarchical_identifier

net_mapping_directives ::=
  (NET {(rtl_name mapped_name)})

port_mapping_directives ::=
  (PORT {(rtl_name mapped_name [string])})

program_name ::=
  (PROGRAM_NAME [string])

program_version ::=
  (PROGRAM_VERSION [string])

rforward_saif_file ::=
  (SAIFILE rforward_saif_header rforward_saif_info)

rforward_saif_header ::=
  rforward_saif_version
  direction
  design_name
  date
  vendor
  program_name
  program_version
  hierarchy_divider

rforward_saif_info ::=
  {rforward_instance_declaration}

rforward_instance_declaration ::=
  (INSTANCE [string] instance_name
    {rforward_instance_directive}
    {rforward_instance_declaration})

rforward_instance_directive ::=
  port_mapping_directives
| net_mapping_directives

rforward_saif_version ::=
  (SAIFVERSION string)

rtl_name ::=
  hierarchical_identifier
```

```
vendor ::=
  (VENDOR [string])
```

3. 完整的库前向 SAIF 语法

以下是库前向 SAIF 文件的完整语法。起始的非终结符是 *lforward_saif_file*。

```
date ::=
  (DATE [string])
design_name ::=
  (DESIGN [string])
direction ::=
  (DIRECTION string)
hierarchy_divider ::=
  (DIVIDER [hchar])
leakage_declaration ::=
  (LEAKAGE {state_dep_timing_directive})
lforward_saif_file ::=
  (SAIFILE lforward_saif_header lforward_saif_info)
lforward_saif_header ::=
  lforward_saif_version
  direction
  design_name
  date
  vendor
  program_name
  program_version
  hierarchy_divider
lforward_saif_version ::=
  (SAIFVERSION string [string])
library_sdpd_info ::=
  (LIBRARY string [string]
    {module_sdpd_declaration})
module_name ::=
  identifier
module_sdpd_declaration ::=
  (MODULE module_name {module_sdpd_directive})
module_sdpd_directive ::=
  port_declaration
```

```
| leakage_declaration
path_dep_toggle_directive ::=
  (path_dep_toggle_directive_item
    {path_dep_toggle_directive_item}
    [IOPATH_DEFAULT])

path_dep_toggle_directive_item ::=
  IOPATH port_name {port_name}

port_declaration ::=
  (PORT port_name {port_directive})

port_directive ::=
  state_dep_toggle_directive
| path_dep_toggle_directive
| sdpd_toggle_directive

program_name ::=
  (PROGRAM_NAME [string])

program_version ::=
  (PROGRAM_VERSION [string])

sdpd_toggle_directive ::=
  (sdpd_toggle_directive_item
    {sdpd_toggle_directive_item}
    [COND_DEFAULT [RISE_FALL]
    [path_dep_toggle_directive]])

sdpd_toggle_directive_item ::=
  COND cond_expr [RISE_FALL]
    [path_dep_toggle_directive]

state_dep_timing_directive ::=
  (state_dep_timing_directive_item
    {state_dep_timing_directive_item}
    [COND_DEFAULT])

state_dep_timing_directive_item ::=
  COND cond_expr

state_dep_toggle_directive ::=
  (state_dep_toggle_directive_item
    {state_dep_toggle_directive_item}
    [COND_DEFAULT [RISE_FALL]])

state_dep_toggle_directive_item ::=
  COND cond_expr [RISE_FALL]

vendor ::=
  (VENDOR [string])
```

附录 B　UPF 语法

本附录按字母排序提供了 UPF 中[⊖] 所有命令的完整描述。其中关键字采用**粗体**（ bold ）。用户需要提供的值采用斜体（ *italic* ）。方括号（ [ ] ）显示可选参数。粗体方括号（ **[ ]** ）和粗体大括号（ **{ }** ）是必需字符。大括号（ { } ）表示参数列表。星号（ * ）表示可以重复的参数。尖括号（ <> ）表示备用值的分组。最后，分隔条（ | ）表示可选选项。

```
# 将设计元素添加到电源域：
add_domain_elements domain_name
  -elements element_list

# 将状态添加到端口：
add_port_state port_name
  {-state
    {name <nom | min max | min nom max | off>}}*

# 设置电源域或供电网络的电源状态：
add_power_state object_name
  {-state state_name
    {[-supply_expr {boolean_function}]
      [-logic_expr {boolean_function}]
      [-simstate simstate]
      [-legal | -illegal][-update]}}*
  [-simstate simstate]
  [-legal | -illegal]
  [-update]

# 定义每个供电网络的状态：
add_pst_state state_name
  -pst table_name
  -state supply_states

# 将电源组关联到电源域：
associate_supply_set supply_set_ref
  -handle supply_set_handle

# 插入检查器模块并将其绑定到设计元素：
bind_checker instance_name
  -module checker_name
  [-elements element_list]
  [-bind_to module [-arch name]]
  [-ports {{port_name net_name}*}]

# 将逻辑网络连接到逻辑端口：
connect_logic_net net_name
  -ports port_list
```

⊖　截至本书出版时，并非所有工具都支持全部选项。

\# 将供电网络连接到供电端口:
connect_supply_net *net_name*
　[-**ports** *list*]
　[-**pg_type** {*pg_type_list element_list*}]*
　[-**vct** *vct_name*]
　[-**pins** *list*]
　[-**cells** *list*]
　[-**domain** *domain_name*]
　[-**rail_connection** *rail_type*]

\# 将供电集连接到指定元素:
connect_supply_set *supply_set_ref*
　{-**connect** {*supply_function* {*pg_type_list*}}}*
　[-**elements** *elements_list*]
　[-**exclude_elements** *exclude_list*]
　[-**transitive** <**TRUE** | **FALSE**>]

\# 定义由一个或多个子域组成的复合域:
create_composite_domain *composite_domain_name*
　[-**subdomains** *subdomain_list*]
　[-**supply** {*supply_set_handle* [*supply_set_ref*]}]*
　[-**update**]

\# 定义可用于将 HDL 逻辑值转换为状态类型值的值转换表:
create_hdl2upd_vct *vct_name*
　-**hdl_type** {<**vhdl** | **sv** > [*typename*]}
　-**table** {{*from_value to_value*}*}

\# 定义逻辑网络:
create_logic_net *net_name*

\# 定义逻辑端口:
create_logic_port *port_name*
　[-**direction** <**in** | **out** | **inout**>]

\# 定义电源域中的元素集:
create_power_domain *domain_name*
　[-**simulation_only**]
　[-**elements** *element_list*]
　[-**exclude_elements** *exclude_list*]
　[-**include** *scope*]
　[-**supply** {*supply_set_handle* [*supply_set_ref*]}*]]
　　　　[-**scope** *instance_name*]
　[-**define_func_type** {*supply_function*
　　{*pg_type_list*}}]*
　[-**update**]

\# 定义电源开关:
create_power_switch *switch_name*

```
    -output_supply_port {port_name
      [supply_net_name]}
    {-input_supply_port {port_name
      [supply_net_name]}}*
    {-control_port {port_name [net_name]}}*
    {-on_state {state_name input_supply_port
      {boolean_function}}}*
    [-off_state {state_name {boolean_function}}]*
    [-supply_set supply_set_name]
    [-on_partial_state {state_name input_supply_port
      {boolean_function}}]*
    [-ack_port {port_name net_name
      [{boolean_function}]}]*
    [-ack_delay {port_name_delay}]*
    [-error_state {state_name {boolean_function}}]*
    [-domain domain_name]
```

\# 创建电源状态表:
```
create_pst table_name
  -supplies supply_list
```

\# 创建供电网络:
```
create_supply_net net_name
  [-domain domain_name]
  [-reuse]
  [-resolve <unresolved | one_hot | parallel |
    parallel_one_hot>]
```

\# 在设计元素上创建电源端口:
```
create_supply_port port_name
  [-domain domain_name]
  [-direction <in | out | inout>]
```

\# 创建供电集:
```
create_supply_set set_name
  [-function {func_name [net_name]}]*
  [-reference_gnd supply_net_name]
  [-update]
```

\# 定义用于将 UPF 值转换为 HDL 逻辑值的值转换表:
```
create_upf2hdl_vct vct_name
  -hdl_type {<vhdl | sv> [typename]}
  -table {{from_value to_value}*}
```

\# 描述合法状态转换:
```
describe_state_transition transition_name
  -object object_name
  {-from {from_list} -to {to_list} |
    -paired {{from_state to_state}*} |
    -from {from_list} -to {to_list}
```

```
    -paired {{from_state to_state}*}}
  [-legal | -illegal]
```

从 set_simstate_behavior 命令加载仿真状态行为：

```
load_simstate_behavior lib_name
  -file {file}*
```

在指定范围内加载 UPF 文件：
```
load_upf upf_file_name
  [-scope instance_name]
  [-version upf_version]
```

加载 UPF 文件而不修改全局变量：

```
load_upf_protected upf_file_name
  [-hide_globals]
  [-scope scope_name]
  [-version upf_version]
  [-params param_list]
```

指定用于隔离单元的库单元：

```
map_isolation_cell isolation_name
  -domain domain_name
  [-elements element_list]
  [-lib_cells lib_cells_list]
  [-lib_cell_type lib_cell_type]
  [-lib_model_name model_name
    {-port {port_name net_name}}*]
```

指定用于电平移位器的库单元：

```
map_level_shifter_cell level_shifter_strategy
  -domain domain_name
  -lib_cells list
  [-elements element_list]
```

指定用于电源开关的库单元：
```
map_power_switch {switch_name}
  -domain domain_name
  -lib_cells {list}
  [-port_map {{mapped_model_port
    switch_port_or_supply_net_ref}*}]
```

指定用于状态保持单元的库单元：

```
map_retention_cell retention_name_list
  -domain domain_name
  [-element element_list]
  [-exclude_elements exclude_list]
  [-lib_cells lib_cell_list]
  [-lib_cell_type lib_cell_type]
  [-lib_model_name name
    {-port port_name net_ref}*]
```

将两个或多个电源域合并为一个新的电源域：

```
merge_power_domains new_domain_name
  -power_domains list
  [-scope instance_name]
  [-all_equivalent]
```

定义用于隐式创建的新名称的格式：

```
name_format
  [-isolation_prefix string]
  [-isolation_suffix string]
  [-level_shift_prefix string]
  [-level_shift_suffix string]
  [-implicit_supply_suffix string]
  [-implicit_logic_prefix string]
  [-implicit_logic_suffix string]
```

创建一个 UPF 文件，其中当前命令在作用域中处于活动状态：

```
save_upf upf_file_name
  [-scope instance_name]
  [-version string]
```

将属性应用于设计元素：

```
set_design_attributes
  < -elements element_list |
    -models model_list |
    -elements element_list -models model_list
      -exclude_elements exclude_list |
    -exclude_elements exclude_list
      -models model_list >
  [-attribute name value]*
```

指定设计根目录：

```
set_design_top root
```

设置电源域的默认电源和接地网络：

```
set_domain_supply_net domain_name
  -primary_power_net supply_net_name
  -primary_ground_net supply_net_name
```

定义隔离策略：

```
set_isolation isolation_name
  -domain ref_domain_name
  [-elements element_list]
  [-source source_supply_ref
    | -sink sink_supply_ref
    | -source source_supply_ref
      -sink sink_supply_ref
    | -applies_to <inputs | outputs | both>]
  [-applies_to_clamp <0 | 1 | any | Z | latch |
      value>]
```

```
   [-applies_to_sink_off_clamp <0 | 1 | any |
      Z |latch | value>]
   [-applies_to_source_off_clamp <0 | 1 | any |
      Z | latch | value>]
   [-isolation_power_net net_name]
   [-isolation_ground_net net_name]
   [-no_isolation]
   [-isolation_supply_set supply_set_list]
   [-isolation_signal signal_list
     [-isolation_sense {<high | low>*}]]
   [-name_prefix string]
   [-name_suffix string]
   [-clamp_value {<0 | 1| any | Z | latch | value>*}]
   [-sink_off_clamp <0 | 1 | any | Z | latch |
      value> [simstate_list]]
   [-source_off_clamp <0 | 1 | any | Z | latch |
      value> [simstate_list]]
   [-location <automatic | self | fanout | fanin |
      faninout | parent | sibling>]
   [-force_isolation]
   [-instance {{instance_name port_name}*}]
   [-diff_supply_only <TRUE | FALSE>]
   [-transitive <TRUE | FALSE>]
   [-update]

# 指定隔离策略的控制信号：

set_isolation_control isolation_name
 -domain domain_name
 -isolation_signal signal_name
 [-isolation_sense <high | low>]
 [-location <self | parent | sibling | fanout |
   automatic>]

# 指定电平移位器策略：
set_level_shifter level_shifter_name
 -domain domain_name
 [-elements element_list]
 [-no_shift]
 [-threshold value | list]
 [-force_shift]
 [-source domain_name]
 [-sink domain_name]
 [-applies_to <inputs | outputs | both>]
 [-rule <low_to_high | high_to_low | both>]
 [-location <self | parent | sibling | fanout |
   automatic>]
```

```
  [-name_prefix string]
  [-name_suffix string]
  [-input_supply_set supply_set_name]
  [-output_supply_set supply_set_name]
  [-internal_supply_set supply_set_name]
  [-instance {{instance_name port_name}*}]
  [-transitive <TRUE | FALSE>]
  [-update]
```

定义如何在指定工具中解释 PARTIAL_ON：

```
set_partial_on_translation [OFF | FULL_ON]
  [-full_on_tools {string_list}]
  [-off_tools {string_list}]
```

定义库单元的电源和接地引脚：

```
set_pin_related_supply library_cell
  -pins list
  -related_power_in supply_pin
  -related_ground_pin supply_pin
```

定义端口信息：

```
set_port_attributes
  [-ports {port_list}]
  [-exclude_ports {ports_list}]
  [{-domains {domain_list} [-applies_to <inputs |
     outputs | both>]}]
  [{-exclude_domains {domain_list} [-applies_to
     <inputs | outputs | both>]}]
  [{-elements {element_list} [-applies_to <inputs
     | outputs | both>]}]
  [{-exclude_elements {exclude_list} [-applies_to
     <inputs | outputs | both>]}]
  [-model name]
  [-attribute name_value]*
  [-clamp_value <0 | 1 | any | Z | latch | value>]
  [-sink_off_clamp <0 | 1 | any | Z | latch| value>]
  [-source_off_clamp <0 | 1 | any | Z | latch
     | value>]
  [-receiver_supply supply_set_ref]
  [-driver_supply supply_set_ref]
  [-related_power_port supply_port]
  [-related_ground_port supply_port]
  [-related_bias_ports supply_port_list]
  [-repeater_supply supply_set_ref]
  [-pg_type pg_type_value]
  [-transitive <TRUE | FALSE>]
```

为电源开关添加附加信息：

```
set_power_switch switch_name
```

```
-output_supply_port
  {port_name [supply_net_name]}
{-input_supply_port
  {port_name [supply_net_name]}}*
{-control_port {port_name}}*
{-on_state {state_name input_supply_port
  {boolean_function}}}*
[-supply_set supply_set_name]
[-on_partial_state {state_name input_supply_port
  {boolean_function}}]*
[-off_state {state_name {boolean_function}}]*
[-error_state {state_name {boolean_function}}]*
```

指定保持策略：

```
set_retention retention_name
 -domain domain_name
 [-elements element_list]
 [-exclude_elements exclude_list]
 [-retention_power_net net_name]
 [-retention_ground_net net_name]
 [-retention_supply_net ret_supply_net]
 [-no_retention]
 [-save_signal {{logic_net <high | low |
     posedge | negedge>}}
 -restore_signal {{logic_net <high | low |
     posedge | negedge>}}]
 [-save_condition {{boolean_function}}]
 [-restore_condition {{boolean_function}}]
 [-use_retention_as_primary]
 [-parameters {< <RET_SUP_COR | NO_RET_SUP_COR> |
     <SAV_RES_COR | NO_SAVE_RES_COR> >*}]
 [-instance {{instance_name [signal_name]}*}]
 [-transitive <TRUE | FALSE>]
 [-update]
```

指定保持策略的控制信号：

```
set_retention_control retention_name
 -domain domain_name
 -save_signal {{net_name <high | low |
     posedge | negedge>}}
-restore_signal {{net_name <high| low |
    posedge | negedge>}}
[-assert_r_mutex {{net_name <high | low |
    posedge | negedge>}}]*
[-assert_s_mutex {{net_name <high | low |
    posedge | negedge>}}]*
[-assert_rs_mutex {{net_name <high | low |
    posedge | negedge>}}]*
```

```
# 创建保持元素的命名列表:
set_retention_elements retention_list_name
  [-elements element_list]
  [{-applies_to <required | not_optional |
     not_required | optional>}]
  [-exclude_elements exclude_list]
  [-retention_purpose <required | optional>]
  [-transitive <TRUE | FALSE>]
```

```
# 指定 UPF 命令适用的范围:
set_scope instance
```

```
# 指定库单元的仿真状态行为:
set_simstate_behavior <ENABLE | DISABLE>
  [-lib name]
  [-model list]
```

```
# 指定 UPF 命令的 UPF 版本:
upf_version [string]
```

```
# 指定隔离和电平移位的功能模型:
use_interface_cell interface_implementation_name
  -strategy
     list_of_isolation_level_shifter_strategies
  -domain domain_name
  -lib_cells lib_cell_list
  [-map {{port net_ref}*}]
  [-elements element_list]
  [-exclude_elements exclude_list]
  [-applies_to_clamp
     <0 | 1 | any | Z | latch | value>]
  [-update_any <0 | 1 | known | Z | latch | value>]
  [-force_function]
  [-inverter_supply_set list]
```

参 考 文 献

[BUC]   Buch K., *HDL Design Methods for Low-Power Implementation*, ESNUG.

[BHA06]   Bhasker J., *The Exchange Format Handbook：A DEF, LEF, PDEF, SDF, SPEF & VCDPrimer*, Star Galaxy Publishing, 2006, ISBN 0-9650391-3-7.

[BHA10]   Bhasker J., *A SystemVerilog Primer*, Star Galaxy Publishing, 2010, ISBN 978-0-9650391-1-6.

[CPF11]   *Si2 Common Power Format Specification*, Version 2.0, Feb. 2011, Si2 Inc., www.si2.org.

 [ESM11] Esmaeilzadeh H., et. al., *Dark Silicon and the End of Multicore Scaling*, ISCA '11, ACM, 2011.

[FLY07]   Flynn D., et. al., *Low Power Methodology Manual：For System-on-Chip Design*, Springer, 2007.

[JED10]   *DDR3 SDRAM Specification*, JESD79-3E, July 2010.

[LIB]   *Liberty Users Guide*, available at "http：//www.opensourceliberty.org"．

[MOO65]   Moore G., *Cramming More Components onto Integrated Circuits*, Electronics, Vol. 38, No. 8, 1965.

[MUK86]   Mukherjee A., *Introduction to nMOS and CMOS VLSI Systems Design*, Prentice Hall, 1986.

[RAB09]   Rabaey J., *Low Power Design Essentials*, Springer, 2009.

[STR05]   Streetman B. and S. Bannerjee, *Solid-state Electronic Devices, 6th edition*, Prentice Hall, 2005.

[SUB10]   Subramaniam P., *Power Management for Optimal Power Design*, EDN, May 2010.

[SZE81]   Sze S.M., *Physics of Semiconductor Devices, Second Edition*, John Wiley & Sons, 1981.

[UPF09]   *IEEE Std for Design and Verification of Low Power Integrated Circuits*, IEEE Std 1801-2009, IEEE.